漫画

クラウゼヴィッツと戦争論

清水多吉［監修］
石原ヒロアキ［作・画］

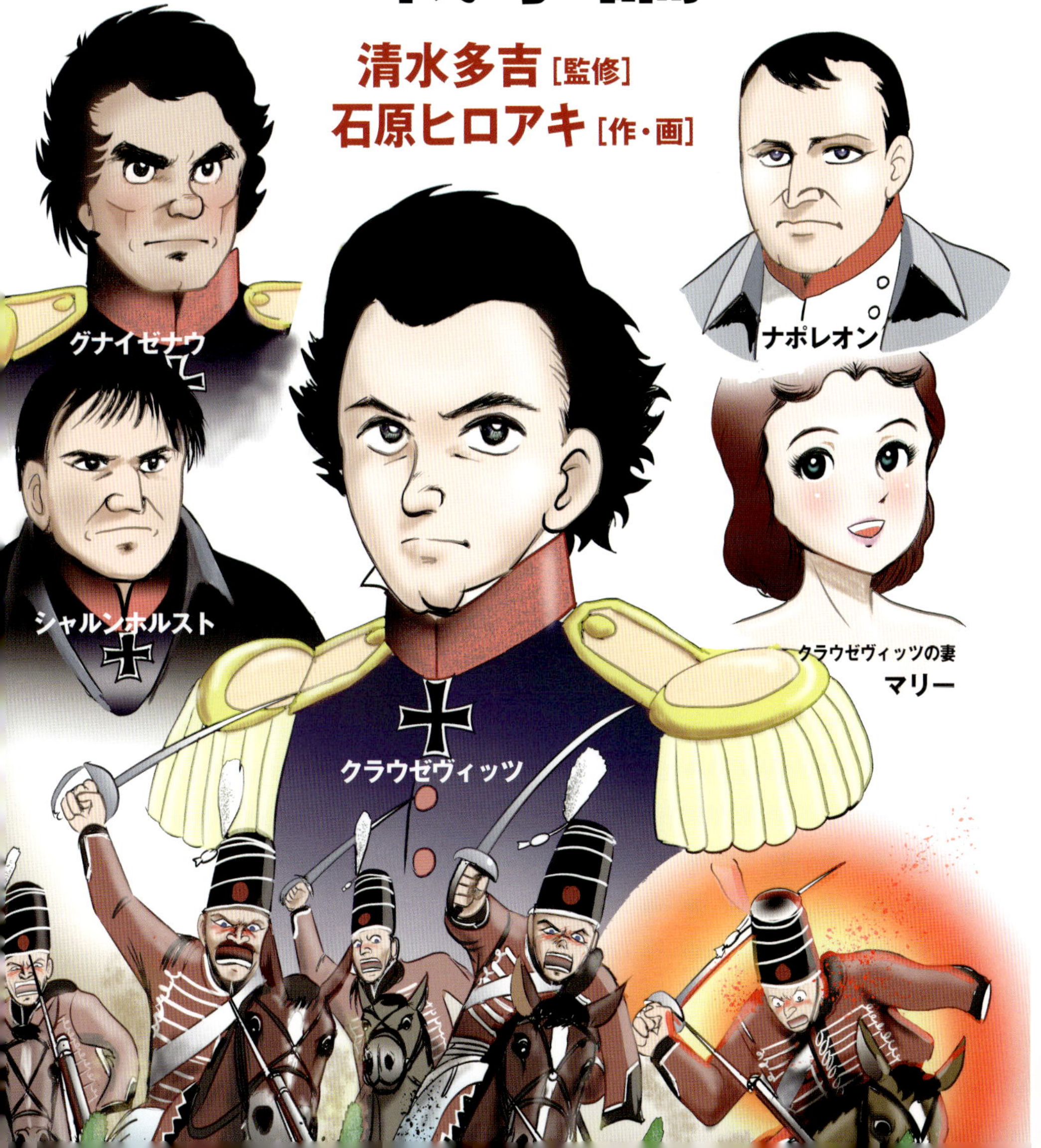

ナポレオン時代の各国軍装

プロイセン軍

竜騎兵（1806年）

戦列歩兵（1806年）

ランドヴェーア（1813年）
徴兵制により召集された兵

歩兵（1813年）

フランス軍

胸甲騎兵（1813年）

戦列歩兵（1806年）

親衛隊（1813年）

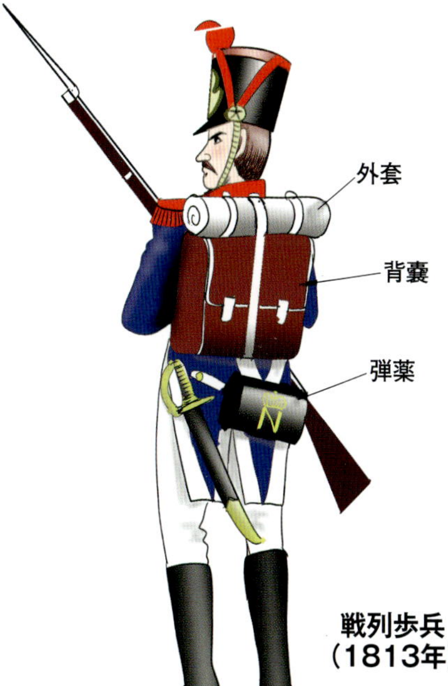

戦列歩兵
（1813年）

ロシア軍

歩兵（1812年）

竜騎兵（1812年）

砲兵（1812年）

目次

監修者のことば

立正大学名誉教授　清水多吉

石原ヒロアキさんの『漫画クラウゼヴィッツと戦争論』は、ナポレオン戦争とクラウゼヴィッツの名著『戦争論』を漫画で詳細に再現した労作である。クラウゼヴィッツの生涯を軸に、彼が関わった戦いと出来事が正確に描かれている。

拙訳である『戦争論』(カール・フォン・クラウゼヴィッツ著、中公文庫)は、上下巻合わせて一二〇〇頁を超える大冊であり、ここには実に多くの戦争・戦闘の記録が記述されている。そのため多くの読者にとって完読することは困難であり、どうしても肝心の戦争の理論化のところにだけ目が向いてしまうものである。

しかし、本書は当時の戦いの様相を見事に描き出している。さらに当時の時代背景や人々の機微についてもていねいに描写されている。たとえば、ナポレオンのモスクワ遠征失敗のあと、クラウゼヴィッツはロシア軍連絡将校の身分のまま祖国プロイセン軍に復帰する。しかし、プロイセン王は、彼をロシアの連絡将校としての扱いしかしてくれなかった。当然、クラウゼヴィッツは思い悩む。石原さんは、その原因をクラウゼヴィッツの愛妻マリーがかつてプロイセン王国に反抗したザクセン王国宰相ブリュール家の出身であったからではないのかと推察し、エピソードとして取り上げている。本編の162頁をご覧いただきたい。これは、石原さんの推察の通りである。漫画でここまで描いて見せるとは実に驚きである。

さらに、最後の決戦である「ワーテルロー（ラ・ベル・アリアンス）の戦い」において、プロイセン軍第3軍団参謀長のクラウゼヴィッツ大佐は主戦場への参加を許されず、遠く離れたワーブルで苦戦し、辛勝を得ただけであった。しかし、フランスのグルーシー軍をワーブルに引きつけたことが連合軍の勝利を決定づけたことは、歴史が証明している。戦後の公式報告書では、クラウゼヴィッツの業績は極めて低い評価しか与えられず、プロイセン軍の最下級勲章である「鉄十字二等章」しか授与されなかった。これらの事情については206頁を参照していただきたい。

ここで石原さんのユニークな経歴について紹介したいと思う。石原ヒロアキ（本名、米倉宏晃）さんは、元陸上自衛隊一佐である。旧軍でいえば大佐にあたる。専門は「化学」で、地下鉄サリン事件や福島第一原発事故では現地に赴き、災害派遣部隊の指揮をとられた方である。大学時代に第一四回「赤塚賞準入選」を受賞され、プロの漫画家の道が約束されていたが、自衛官の道を志し、定年まで勤め上げられた。その後、民間企業に勤めながら、好きな漫画制作を再開し、すでに戦争シミュレーション漫画『ブラックプリンセス魔鬼』、自衛官の日常を描いた『日の丸父さん』、南シナ海での近未来戦争を描いた『日米中激突！南沙戦争』などを発表している。そして今回はじめて史実に則したテーマにチャレンジし、二年かけて本書を描き上げられた。どの頁をとっても細かく人物や背景が描き込まれていて、これをすべて一人で完成させた。どれほどの努力と熱意を注いだのか想像すると頭が下がる。

綿密な時代考証によって描かれた登場人物たちのドラマと戦闘シーンで構成された本作品は、漫画ながら数ある「ナポレオン戦争」の解説書のレベルを超えている。高校あるいは大学で西洋史、なかんずく「近代西洋史」を学ぶ人たちの副読本として、ぜひ活用していただきたいと切に願っている。

軍人としてのキャリアは決して恵まれたとはいえないクラウゼヴィッツの最終階級は少将であった。一八三一年、当時大流行したコレラに感染し、五一歳でその波乱の生涯を閉じるが、その死に際してプロイセン国王からは何らの哀悼の意も示されなかった。しかし、戦争の本質を体系化した『戦争論』という著作によって、クラウゼヴィッツの名声は、いかなる将軍も及ばない世界的なものとなり、後世まで語り継がれることになる。

本書の最後のシーンは、夫クラウゼヴィッツの執筆を助ける妻マリーの呼びかけで終わっている。その後、涙ながらに「序文」をしたため、膨大な原稿を再構成して書籍にまとめた妻マリーの名とともに、この『戦争論』という著作は世界的古典の名をほしいままにしていく。

読者の皆さまも、石原作品の心憎いほどまでの気配りをご堪能いただきたいものである。

第1部　戦争の本質

第1部 主な登場人物

グナイゼナウ少佐
プロイセン軍参謀

シャルンホルスト大佐
プロイセン軍参謀

クラウゼヴィッツ大尉
プロイセン軍

フリードリッヒ・
ヴィルヘルム3世
プロイセン王

ブリュッヒャー将軍
プロイセン軍

マリー
クラウゼヴィッツの婚約者

アウグスト親王
プロイセン軍

ダブー元帥
フランス軍

ナポレオン

1819年ベルリン
プロイセンの首都①
陸軍士官学校②
クラウゼヴィッツ少将
学校長39歳③
カール
今日も熱心に
書き物されて
いるのね
マリー
クラウゼヴィッツ夫人
マリー40歳④
コーヒーでも
召し上がらない？

これまでに書いた論文をまとめているんだ後世に残そうと思ってね
前からおっしゃっていた『戦争論』ね
戦争の本質を学問として究明し戦争とは何かを明らかにしたい
そして二、三年で忘れ去られてしまうことのない本を書きたいんだ
すごいわねそう考えるようになったきっかけは何かしら?
う―ん
今から13年前イエナ、アウエルシュタットの戦いの頃かな
戦争の根源的要素すなわち二人の間の決闘
『戦争論』(5)
私は13歳の頃から戦場で戦っているがあの戦闘ほど私に影響を与えたものはない

戦争とはつまるところ
拡大された決闘以外の
何ものでもない。
われわれは戦争を
無数の個々の決闘の
統一として考えようと
するものである。
『戦争論』(6)
ひどい負け戦だった
プロイセンが滅亡の
一歩手前までいった戦争
が深く考えるきっかけと
なったんだ
つまり戦争とは、敵をして
われらの意志に屈服せしめるための
暴力行為のことである。『戦争論』(7)
1806年春
ベルリン将校集会所

さて諸君、今日はアウステルリッツの研究をしよう
知ってのとおり この軍事協会は私的な集まりだ 忌憚のない意見を述べてくれ
シャルンホルスト中佐50歳⑧
まずティーデマン大尉⑨戦況の推移を説明してくれたまえ
ガタ
はい では ナポレオン軍の初期配置から
――以上が1805年12月2日午後2時までの戦況の推移です 露墺連合軍は1万5千の死傷者を出して敗北しました
ありがとう大尉

(墺＝オーストリア)

グナイゼナウ少佐46歳⑩
ナポレオン軍の強さは機動力と柔軟性にある特に右翼の動きはどの国もまねできないだろう
我々には斜行戦術がある機動では敵に負けない
アウグスト親王26歳⑪
殿下斜行戦術は50年も前の古い戦術ですナポレオンのオーダーミックスには通用しない
しかし少し改良すればどうかな
ボイエン大尉⑫兵の質が違うよ
我々の兵士は命じられたことしか考えない
しかしフランス兵は命じられた内容を考え自主的に動く
クラウゼヴィッツ大尉君の意見はどうだ?
確かに兵士の質や訓練、戦術は大切な要素ですその点我々は遅れています
しかし軍隊を動かすのは指揮官です指揮官の資質は大きい

戦場には「戦争の霧や摩擦」など予期せぬことが潜んでいます それらを含め戦況を洞察し、決断し、実行する指揮官がフランス軍にはいます
彼は一般人を武装化し革命的軍隊をつくっただけではなくそれを運用する優れた能力を有しています
もし今、我々が彼と戦えばアウステルリッツの二の舞になるでしょう
それはナポレオンのことか？
はい殿下
お前ナポレオンに惚れたか？
あいつは戦争狂いだよ ボイエン大尉 奴にはヨーロッパから消えてもらう
早急に軍を改革しなければクラウゼヴィッツ大尉の言ったとおりになるだろうな
人は新しい考えを理解するよりも今までの考えを捨てるほうが難しい
あきらめず上を説得していこう

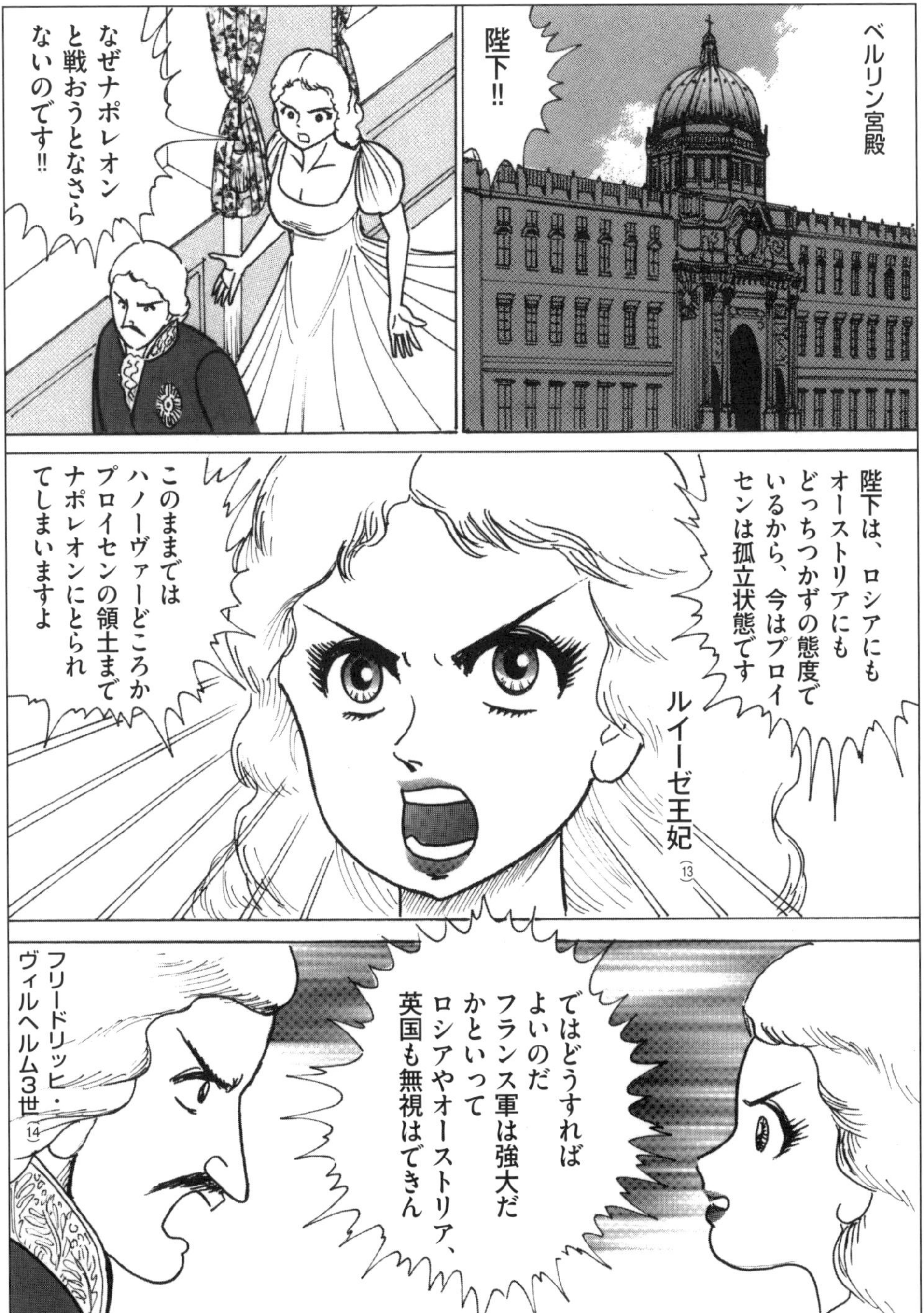
ベルリン宮殿
陛下!!
なぜナポレオンと戦おうとなさらないのです!!
陛下は、ロシアにもオーストリアにもどっちつかずの態度でいるから、今はプロイセンは孤立状態です
ルイーゼ王妃⑬
このままではハノーヴァーどころかプロイセンの領土までナポレオンにとられてしまいますよ
ではどうすればよいのだ
フランス軍は強大だ
かといってロシアやオーストリア、英国も無視はできん
フリードリッヒ・ヴィルヘルム3世⑭

フリードリッヒ・ヴィルヘルム3世は「平和を愛する心の権化」であり、プロイセンの中立が平和をもたらすと考えていた。しかし、フランス帝国がヨーロッパの最強国となり、今まさに全ヨーロッパの覇権に向かって第一歩を踏み出そうとしていた時、プロイセンの中立はいつの間にか変貌し、フランスに味方させられることになっていた。

1805年オーストリアとロシアはイギリスと同盟を組み、フランスと戦う。同年12月、ナポレオンはアウステルリッツで勝利した後、中立の立場をとったプロイセンに対し同盟を申し出て、1806年6月、イギリス領ハノーヴァーの取得を認める。しかし、フリードリヒ・ヴィルヘルム3世は

ナポレオンといったん同盟を結んだ以上、自分の友人であるロシア皇帝との戦争を恐れ、フランスの背後でロシア皇帝と一種の再保証条約を結ぶ。それを知ったナポレオンはプロイセンに不信感をいだき、しだいにお互いが仲違いを始める。

（セバスチャン・ハフナー著『プロイセンの歴史』）⑮

当時のプロイセンには三つの異なる意見があった。ヨーロッパがフランスの保護下に置かれるのを神の摂理と信じる一派、現在の秩序の崩壊と戦争を恐れる一派、そしてフランスと戦うべきという主戦派の一派。1806年には、主戦派が多数を占めたとクラウゼヴィッツは言っている。

（ピーター・パレット著『クラウゼヴィッツ「戦争論」の誕生』）⑯

1806年　ベルリン宮殿
シャルンホルスト大佐 いよいよフランスと開戦ですか? お忙しいでしょう
まあ いろいろとな
昇任 おめでとう ございます 大佐
おめでとう ございます
ああ ありがとう
ところで君たちも 婚約したんだろう おめでとう
はい
両親の許可 を得るのは たいへんでしたわ

君たちダンスはしないのかね
ダンスより本の話が好きで
今ゲーテの新作の話をしてたんですの…
みなさま
ルイーゼ王妃がお見えです(17)
ザワ
ザワ
ザワ
ザワ
カッ
カッ
王妃!

みなさん
陛下はたった今
フランスとの戦争を
決断なさいました
オオオオ
ナポレオンに
死を!!
プロイセン万歳
プロイセン万歳
ウオオオオオオオオ
大佐…

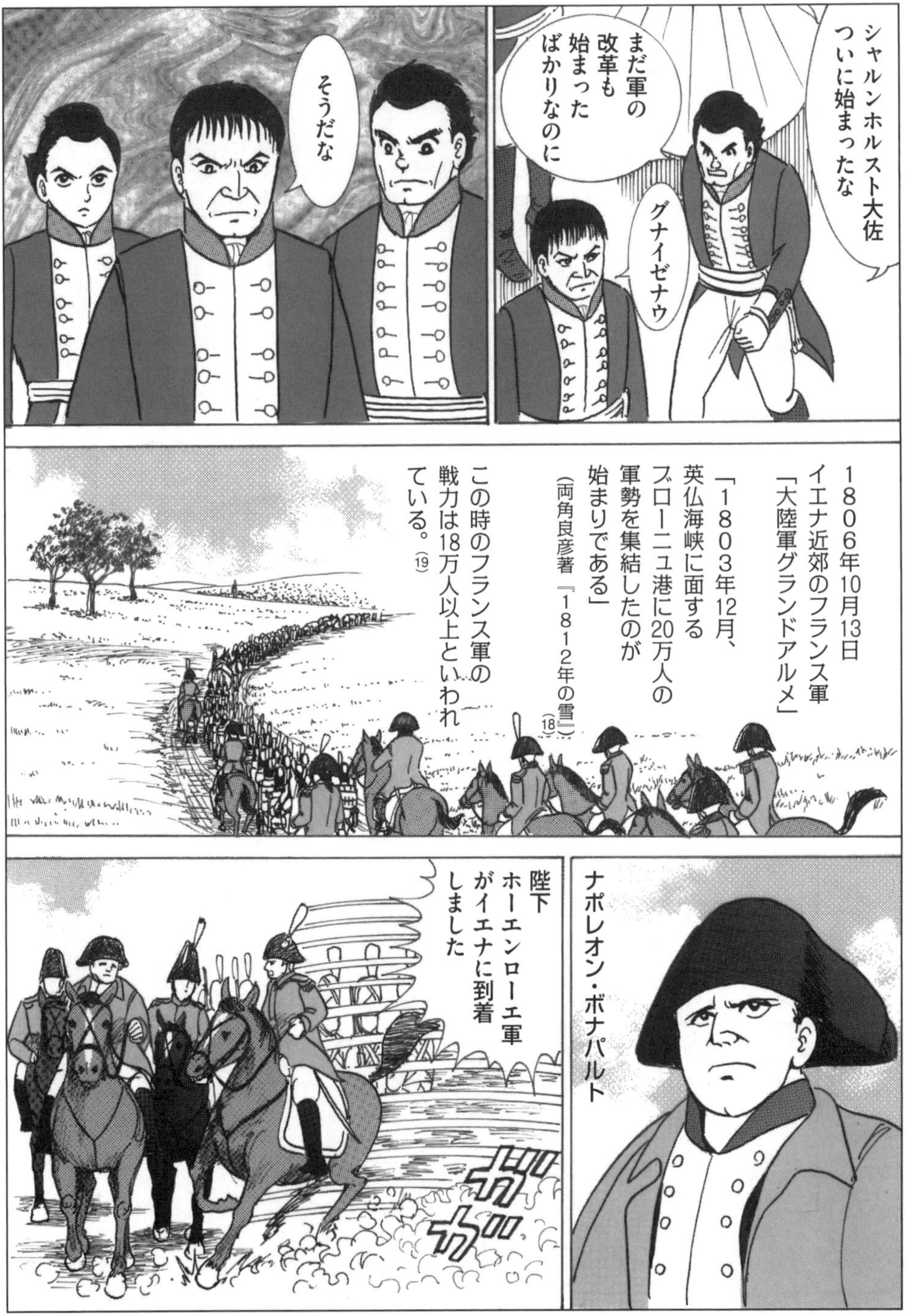
シャルンホルスト大佐
ついに始まったな
グナイゼナウ
まだ軍の
改革も
始まった
ばかりなのに
そうだな
1806年10月13日
イエナ近郊のフランス軍
「大陸軍グランドアルメ」
「1803年12月、
英仏海峡に面する
ブローニュ港に20万人の
軍勢を集結したのが
始まりである」
（両角良彦著『1812年の雪』）⑱
この時のフランス軍の
戦力は18万人以上といわれ
ている。⑲
ナポレオン・ボナパルト
陛下
ホーエンローエ軍
がイエナに到着
しました

イエナ、アウエルシュタット 10月13日 ⑳

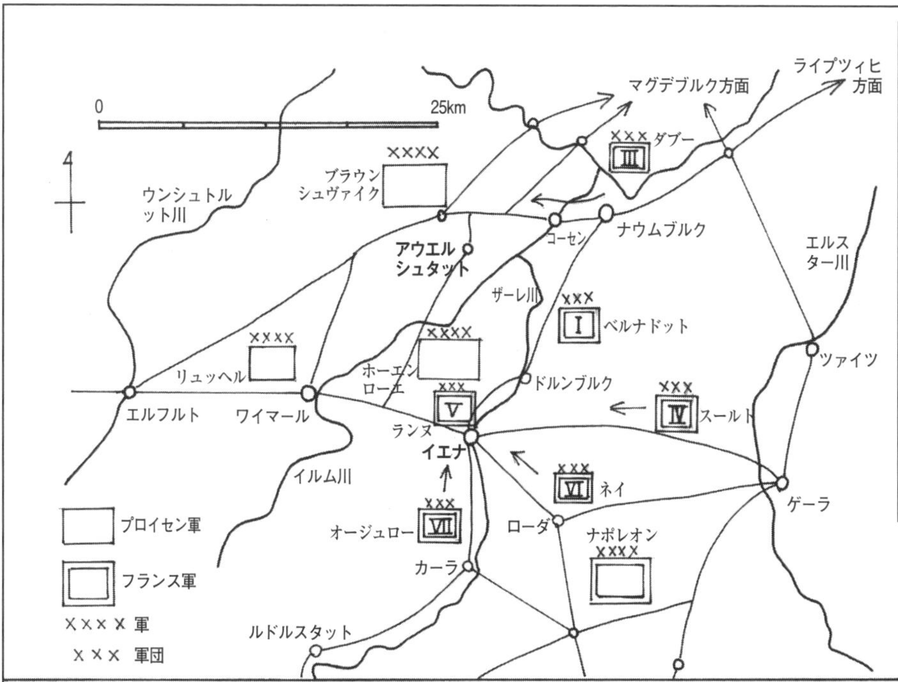

イエナ 10月14日 ㉑

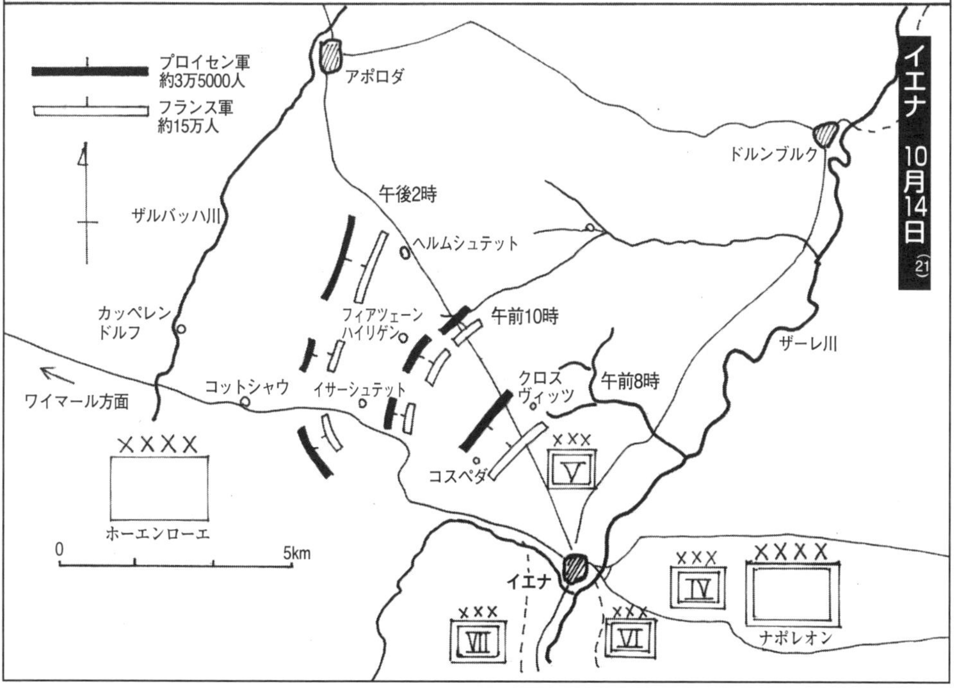

アウエルシュタット 10月14日[22]

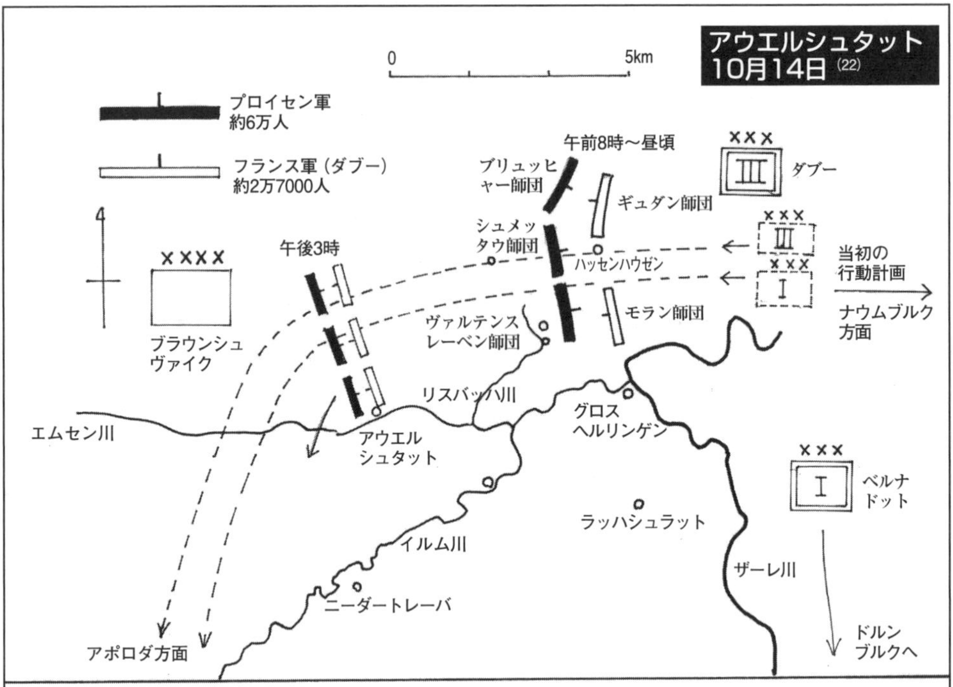

ナポレオン戦争時代の火力[23]

ほとんどの火砲は最大有効射程が1000m以下であり、砲弾は爆発しない鉄球である

砲弾は地面でバウンドさせ、射程を延ばした

命中精度は182mで500発撃った時、300発が命中したというデータがある。

小銃は先込め式で、銃弾は鉄球のため、命中精度は悪く、100%の命中を得るには30mほどの射程しかなかった。

命中確率

射　程	ベテラン兵	一般兵
91m	53%	40%
182m	30%	18%
273m	23%	15%

発射速度はベテランで1分間に5発であった。

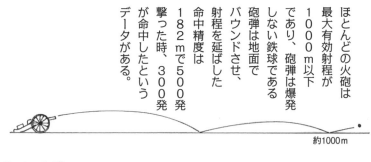

ホーエンローエ？
敵の主力か……
我が軍は、明朝
イエナ方面の敵主力を
第4、5、6、7軍団
をもって撃破する
参謀長
各軍団に伝令
を出せ!!
はっ
イエナ近郊　プロイセン軍
ホーエン
ローエ公
閣下
敵の斥候が散見されます
敵主力は明日イエナに
進出するものと
思われます
うむ
グナイゼナウ少佐
すぐにイエナでの
敵の攻撃命令を
作成してくれ

攻撃ですか？
ザールフェルトで1個師団が撃破され
ドルンブルクに5000人を
側面警戒に出しているんですよ
ここは防禦し
主力の行動を
援護すべきです
敵は分散している
戦力が集中する前に
たたくのだ
……
わかりました
アウエルシュタット近郊
フリードリッヒ・
ヴィルヘルム3世
の幕舎
ナウムブルクを占領した
フランス軍を撃破し
後方連絡線を確保
します
フランス軍
プロイセン軍
Hassenhausen
kösen
Naumburg
Saale R.
Camburg

そのためにホーエンローエにイエナ近郊でフランス軍を阻止させ、リュッヘルはホーエンローエの増援として使うのか？ブラウンシュバイク
はい陛下そのとおりです
ブリュッヒャーの師団を前衛とします
何か意見はあるか？シャルンホルスト大佐
いえ、現時点で最良の策です
私は陛下の企図を徹底するためにブリュッヒャーの師団に行ってきます
ナウムブルク近郊フランス軍ダブー将軍
アポロダ方面へ向かいプロイセン軍の後背を衝けか…
ベルナドットはドルンブルクで側面援護か
退路を断つことができれば楽勝ですな

明日中にアポロダに着くぞ先鋒はギュダン師団だ
はっ
直ちに命令を起案し各師団に通達します
10月14日午前6時
イエナ北方
ドドオオ…
霧で何も見えんそれに異様に静かだ…

フランス軍だ隊形をくずすな
ギャアアア
敵兵だ
列を乱すな
前進
くそっ霧で戦況がよく見えん

ホーエンローエ公
敵が攻撃して
います
わかっている
現在
クロスヴィッツ
とコスペダ村が
敵にとられ
我が軍は
退却中だ
わたしは
どうしたら
いい……
フィアツェーンハイリゲンを
中心としてヘルムシュテットと
イサーシュテットに至る線で
防禦し、ワイマールから来る
リュッヘルを待ちましょう
わかった

ドドン
ドドドン
パパン
陛下
霧が晴れて
きました
ラントグラー
フェンベルグ
の砲も準備
ができて
います
プロイセン軍に
本当の戦争
というものを
教えてやれ

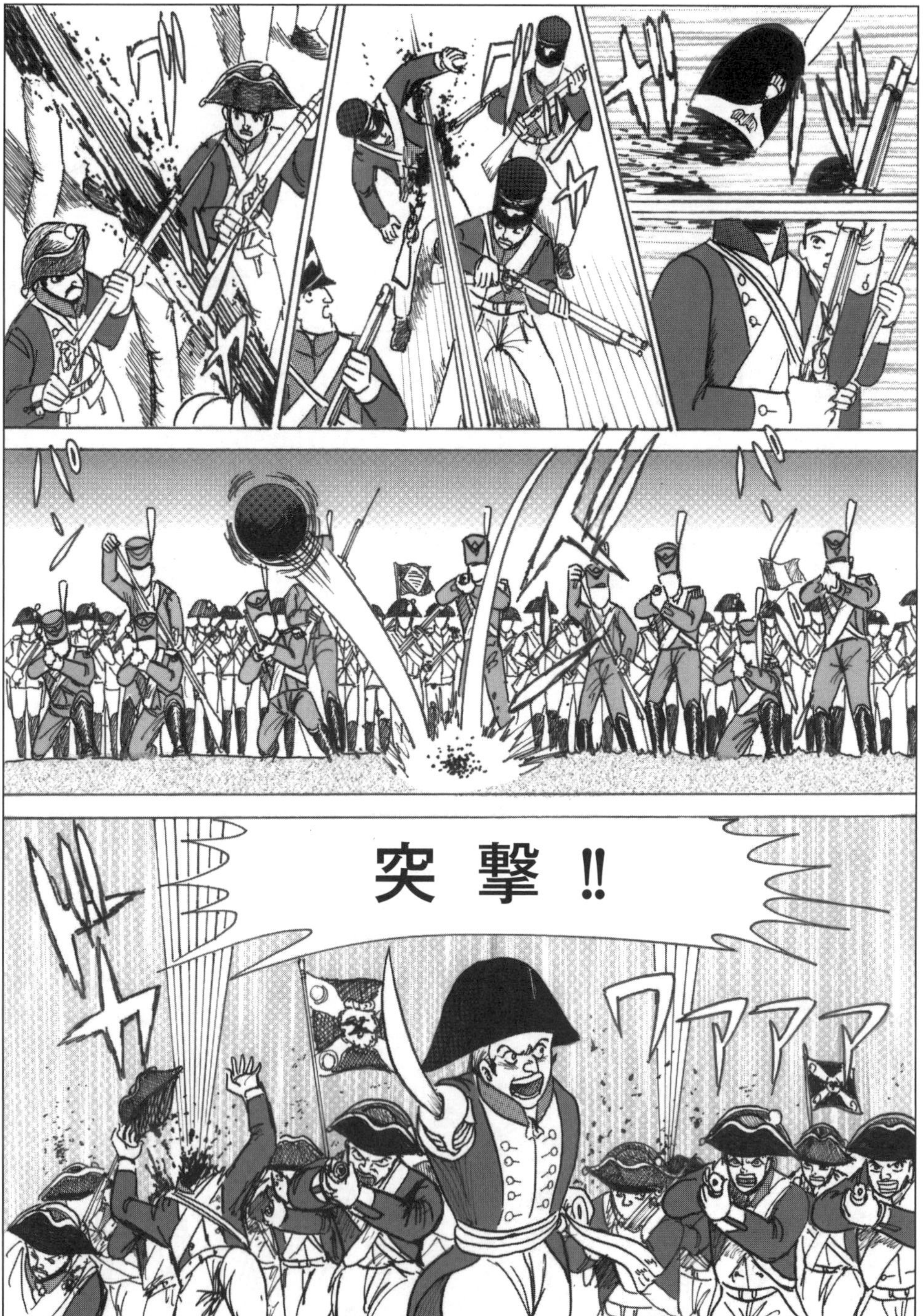
突撃!!
ワアアア

陛下
ネイの第6軍団が
第5軍団の左翼から
敵に突撃します

ギャアー
ぐあ
プロイセンの騎兵だ!!

陛下
敵騎兵部隊が逆襲をかけてきました
うむ
ベルトランに2個親衛騎兵連隊をつけて、第6軍団の救援に向かわせろ
はっ
突撃ー

ホーエンローエン公
ドルンブルクの分遣隊が
いま到着しました
うむ
敵の右翼を攻撃し
右側面から包囲
するのが最善
かと
グナイゼナウ
そうしてくれ
私は第一線の
戦闘指導に
行きます!!
そうしてくれ
グナイゼナウ少佐
閣下は気が動転して
おられる
わたし自身も正直
どうしたらいいか
わからん
君に一任する
わかりました
参謀長
リュッヘル将軍の
増援が来れば
何とかなるでしょう
やってみます
たのんだぞ

そのまま
フランス軍を
おしこめ!!
側面から
フランス軍の散兵
と騎兵部隊が…
ワァァァ
歩兵と騎兵の
連携がとれている
なんてみごと
なんだ
これでは こちらが
逆に包囲される
師団長!!
参謀の
グナイゼナウか
左翼が空いて
います
1個大隊を
お預けください
私が防ぎます
よかろう
後方の予備の
大隊を使え
師団長
上級司令部から
指示が…
敵が
フィアツェーン
ハイリゲンを制圧
後退のため部隊を
ワイマール街道上
に集合させよと
え!!

ばかな
そんなことをしたら
プロイセン軍は
崩壊するぞ
命令だ
やむをえない
グナイゼナウ少佐
3個大隊を指揮して
我が主力の後退を
援護してくれ
はっ
ドーン
ドーン
パン
パン
パン
パン
ドーン
陛下
後続部隊も
集結完了
しました
よし
総攻撃だ

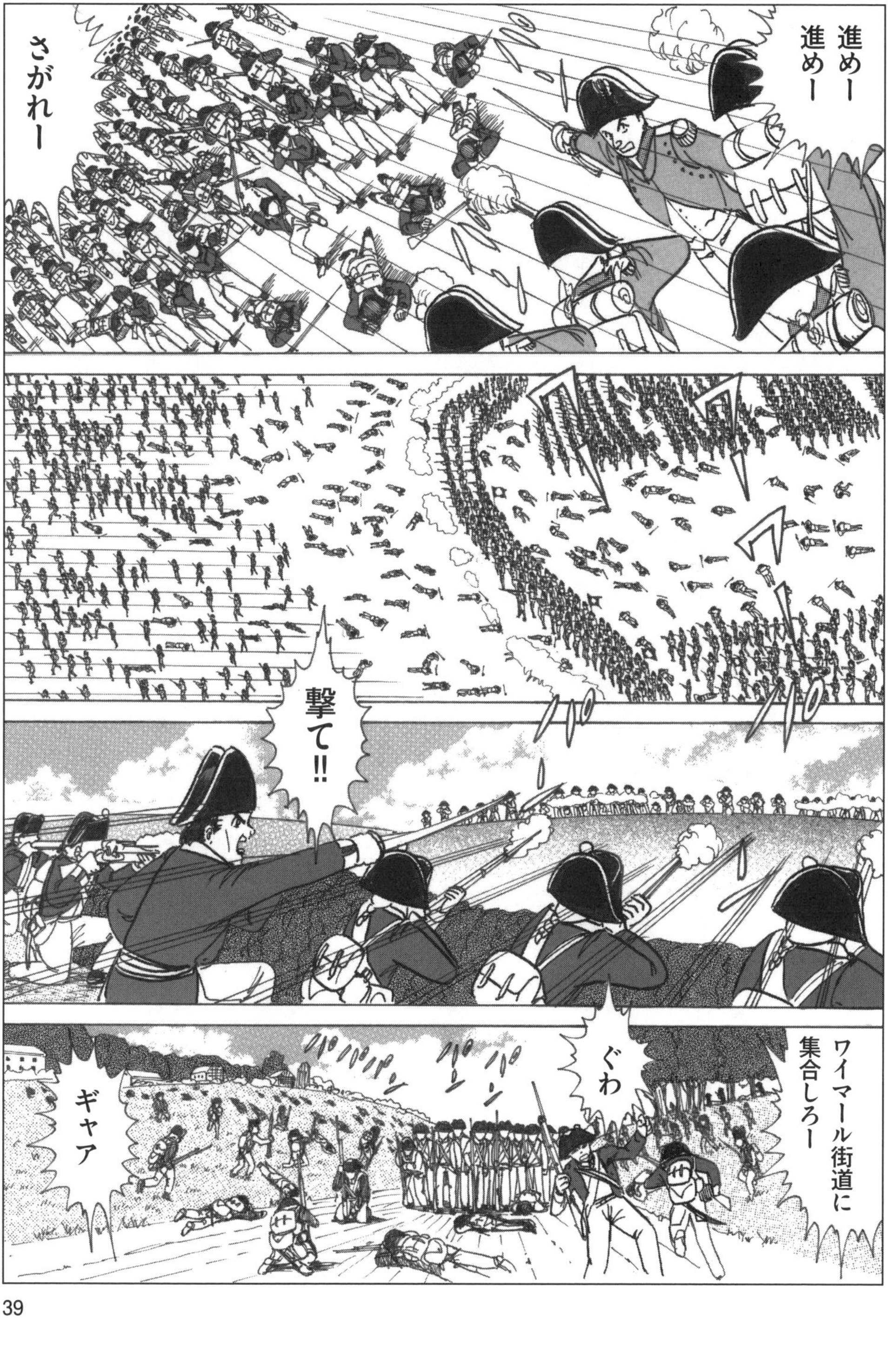
進めー
進めー
さがれー
撃て!!
ワイマール街道に
集合しろー
ぐわ
ギャア

何をやっている
街道上に密集
したら的になる
だけだぞ
分散
しろ!!
あっはっはっ
こりゃ
カモ撃ちより
らくちんだぜ
少佐
リュッヘルの援軍
が到着しました
なに
どこだ
は、はい
先鋒は
後方500mで
攻撃準備中です
攻撃?
ホーエンローエ軍
主力の後退援護
じゃないのか?

フランス軍をたたきつぶせ
前進

ワー
ワー
ワー
ワー
ワー
プロイセン諸将軍は
いずれも皆
フリードリッヒ大王の
斜形隊形を
採用して
破滅の淵へ呑みこまれ
ていったのであるが、
これらは単に
時代遅れになった
特殊戦法の
弊害を示す
というだけでなく、
いかに順法主義が
精神上の決定的
貧困化をもたらすもので
あるかのこの上ない
実例である。
『戦争論』(24)
イエナ方面
プロイセン軍壊滅――
さて
ダブーは今ごろ
どうしているか

『戦争論』は全部で八部構成になっているが、とくに第一部第一章は「私が常に主張せんとしていた方向を全体にわたって指示するのに役立つだろう」（覚え書）とクラウゼヴィッツが書いているとおり重要である。

2定義

われわれはいま戦争に関して煩瑣《はんさ》な公法学的定義に入りこむことなく、戦争の根源的要素、すなわち二人の間の決闘という点に視点を置きたいと思う。戦争とはつまるところ拡大された決闘以外の何ものでもない。われわれは戦争を無数の個々の決闘の統一として考えようとするものであるが、その場合二人の格闘者を思い浮べてみるのが便利であろう。いかなる格闘者も相手に物理的暴力をふるって完全に自分の意志を押しつけようとする。その当面の目的は、敵を屈服させ、以後に起されるかもしれぬ抵抗を不可能ならしめることである。

つまり戦争とは、敵をしてわれらの意志に屈服せしめるための暴力行為のことである。

暴力は、敵の暴力に対抗するために、さまざまな技術や学問を通して発明されたものによって武装する。もっとも暴力は、国際法上の道義という名目の下に自己制約を伴わないわけではないが、それはほとんど取るに足らないものであって、暴力の行使を阻止する重大な障害となりはしない。これを要するに物理的暴力（というのは国家と法律の概念を除いて精神的暴力なるものは存在しない）はあくまでも手段であって、敵にわれわれの意志を押しつけることが目的なのであるということである。この目的に確実に到達するためにこそ、われわれは敵の抵抗力を打ち砕かなければならないのである。そしてこのことが概念上軍事行動の本来的目標となる。ところで敵の抵抗力を打ち砕くという手段としての軍事行動が、敵にわれわれの意志を押しつけるという戦争の終極的目的に取って代わり、いわば後者はいわゆる戦争行為には属さないものとして除外されてしまっているのが現状のようである。

（『戦争論（上）』〔中公文庫〕34頁、第一部「戦争の性質について」第一章「戦争とは何であるか？」より）

3 暴力の無制限な行使

（前略）しかし最近の戦争の様相はおよそそのような見解が誤っていることを教えている。戦争がいやしくも暴力行為である以上、当然そこには敵対感情も含まれてくる。もちろん初めは敵対感情から始まった戦争でなくとも、終局的には多かれ少なかれ敵対感情に帰着してくる。そして戦争がどの程度敵対感情に帰着してくるかは、その国の文明度によって決まるのではなく、両国の敵対的利害関係の重要さおよびその利害関係の継続期間によって決まるのである。

これを実例をもって見ると、確かに文明国民は捕虜を殺害したり、都市や田園をむやみに破壊したりしはしない。しかしそれは理性が戦争遂行に介入してきて、むき出しの本能的暴行よりさらに効果的な暴力行使手段のあることが見出されたからにほかならない。

火薬の発明、火砲の改良などの事実を考えてみれば、戦争概念のなかに含まれている敵の殲滅《せんめつ》という傾向が実際は文明度によって狭められるものでは決してなく、またその方向が転換されるものでないことも十分明らかにしている。

ここで再びわれわれは前述の命題を繰り返して述べておきたい。つまり戦争とは暴力行為のことであって、その暴力の行使には限度のあろうはずがない。一方が暴力を行使すれば他方も暴力でもって抵抗せざるを得ず、かくて両者の間に生ずる相互作用は概念上どうしても無制限なものにならざるを得ない、と。これが戦争についてわれわれの直面する第一の相互作用であり、また第一の無制限性というものである。

（『戦争論（上）』〈中公文庫〉37〜38頁、第一部第一章より）

「暴力の無制限な行使」については、第八部第二章「絶対的戦争と現実の戦争」の中で「いずれか一方の軍が打倒されない限り、決して軍事行動の終焉はあり得ない」。しかしながら「その発現が妨げられたり弱められたりするものである」と述べ、概念の哲学的な「絶対的戦争」（つまり暴力の無制限な行使）の他に「現実の戦争」があることを明記している。

アウエルシュタット
午前8時ごろ
ダブー閣下
敵は我が軍の倍
はいます
偵察部隊の
言うとおり
やはり主力
だったか
ブリュッヒャー将軍
敵は劣勢です
しかもまだ戦闘
態勢が未完です
参謀長
見ればわかる
プロイセン軍
の恐ろしさを
思いしらせて
やる

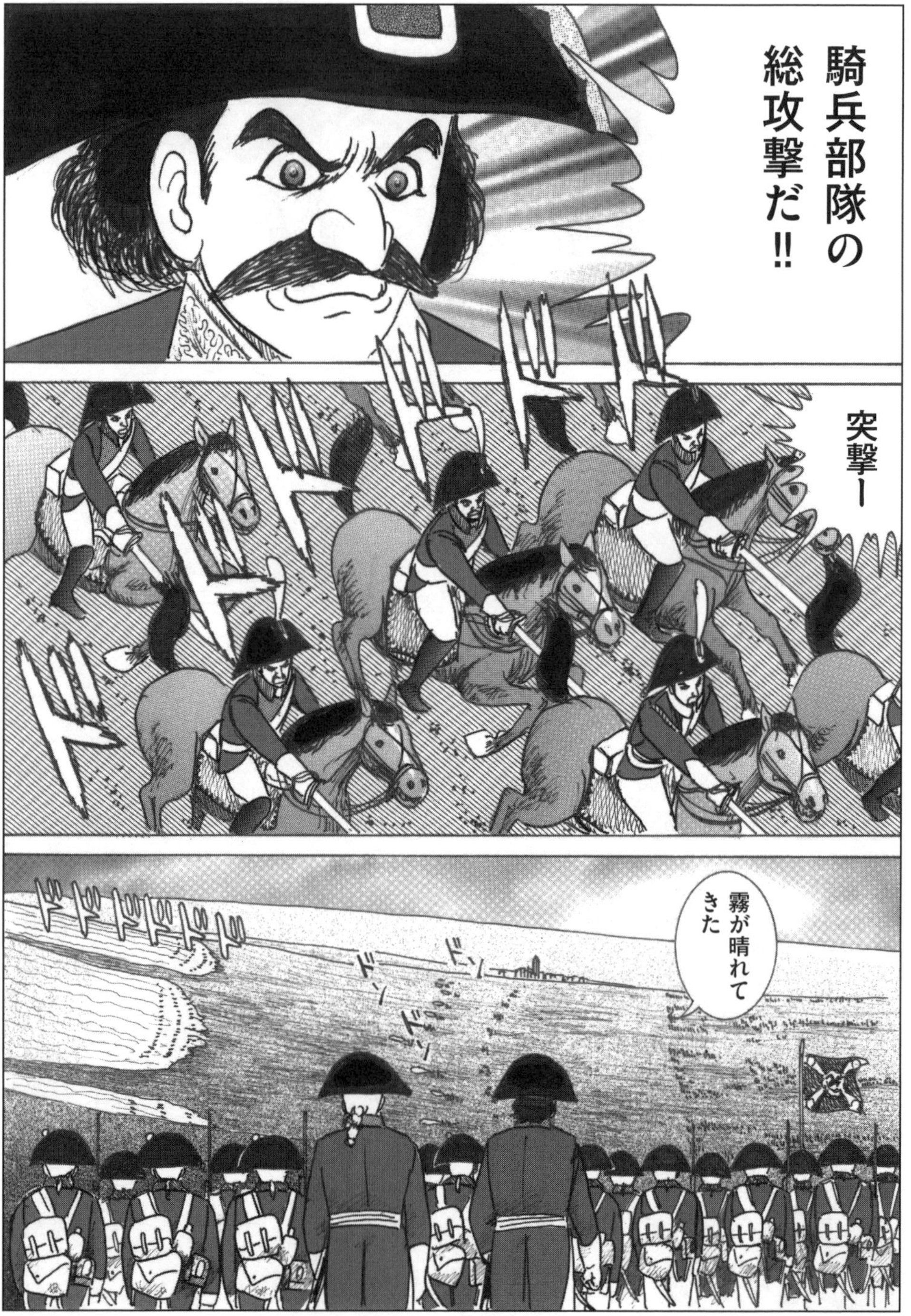
騎兵部隊の総攻撃だ!!
突撃ー
霧が晴れてきた
ドン
ドン
ドン

クラウゼヴィッツ大尉
シャルンホルスト大佐どちらへ？
ブリュッヒャー将軍のところだ
……
私は私の戦争を戦う君は君の戦争を戦いたまえ
はい
クラウゼヴィッツ大尉生きてまた会おう将来のプロイセン軍には君が必要だ
わかりました

クラウゼヴィッツ大尉
見ろ!
フランス軍は
方陣をつくったぞ
しかも小銃火力を
最大限発揮できるよう
斜めに配置している
それにしても
なんという
機動力の高さだ!!
撃てー

ガガガガ
ドカァァァ
ドスドスドス
ドス
ドス

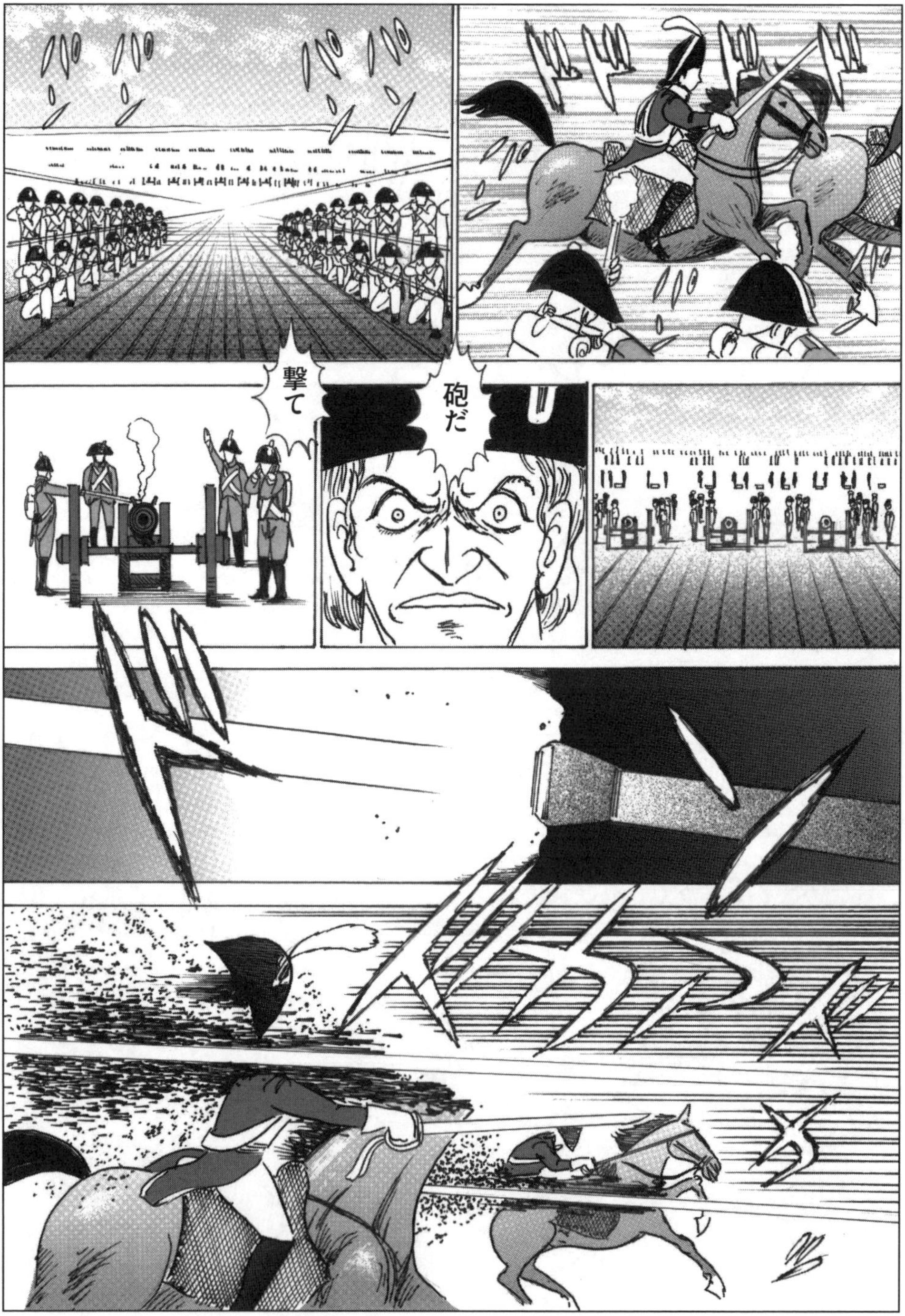
砲だ
撃て

ドドオオオオ
くそぉっ‼
プロイセン騎兵
どうした
それにしても
我がシュメッタウ
師団の動きが
おそいぞ
早く
攻撃しろ
プロイセン軍は
騎兵と歩兵の
協同訓練は
していません
から
フランス軍は
騎兵、歩兵、砲兵
の連携がとれ
ています
シャルン
ホルスト
さらに
部隊の運用も
柔軟です

貴様は
プロイセン軍を
愚弄するつもりか
戦力はこちらが倍なのだ
負けるわけはない
参謀長
総攻撃の
準備をしろ
はっ
シャルンホルスト
大佐
君の言うことは正しい
我が師団はこれから総攻撃をかける
わしや連隊長が死んだら
あとはまかせるぞ
はい
フランス軍
ダブー将軍

ダブー閣下
フリアン師団が
到着しました
フリアン師団を
ギュダン師団の
右翼へ
右から
包囲だ
はっ
カッ
カッ
カッ
カッ
わが師団は
ギュダン師団の
右から敵を
包囲する
ガガガガ
砲は200m
前方稜線まで
前進展開!!
擲弾兵は
150m先の
稜線まで
走れー
ヒー
ハー
根性を
見せろー
ヒー

撃て!!
撃て!! 撃て!!

閣下
ヴィアラーネ騎兵
旅団が来ました
よしフリアン師団に
まわせ
えっ、いま圧力が
かかっている
ギュダン師団ではなく
右翼のフリアン
ですか？
そうだ
右だ
右へ行け
!!
うわあ
騎兵が
来た

ひるむな
進めー
ブリュッヒャー
閣下ー
あわてるな
馬がやられた
だけだ
代わりの
馬をもって
来い！

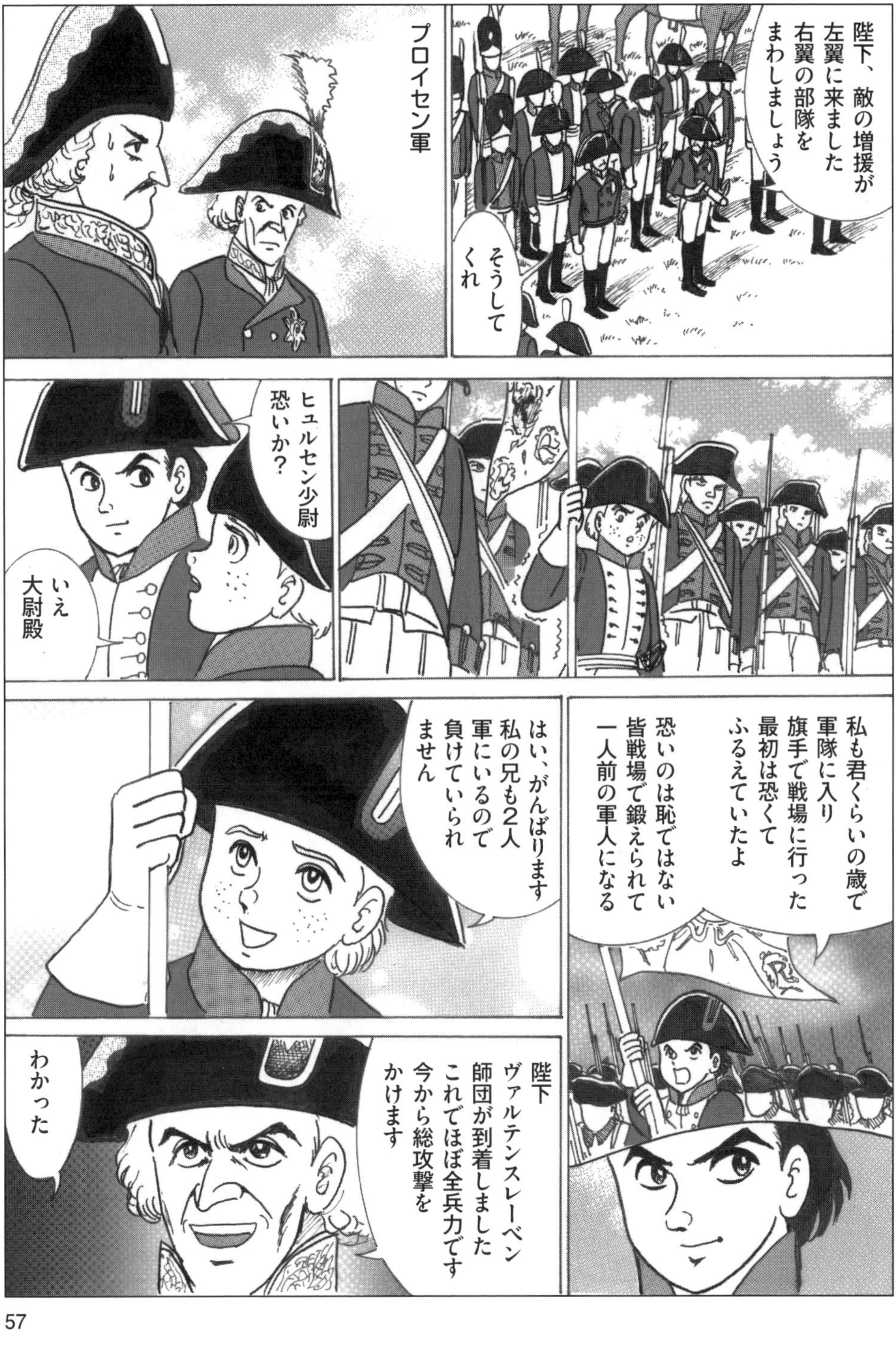

陛下、敵の増援が左翼に来ました右翼の部隊をまわしましょう
そうしてくれ
プロイセン軍
ヒュルセン少尉恐いか?
いえ大尉殿
私も君くらいの歳で軍隊に入り旗手で戦場に行った最初は恐くてふるえていたよ
恐いのは恥ではない皆戦場で鍛えられて一人前の軍人になる
はい、がんばります私の兄も2人軍にいるので負けていられません
陛下ヴァルテンスレーベン師団が到着しましたこれでほぼ全兵力です今から総攻撃をかけます
わかった

……
……
私もこれから第一線で指揮してまいります
陛下はここで私の勝利の報告をお待ちください
わかった
ダブー閣下
騎兵旅団のフリアン師団への増援でギュダン師団への圧力は弱まりましたが敵にもまた増援が来たようです
……
フランス軍
ヴァルテンスレーベン師団を直ちにハッセンハウゼンに向け前進 敵を撃破せよ!!
ブラウンシュヴァイク公 了解しました
各連隊逐次戦闘態勢をとれ!!
目標ハッセンハウゼン
参謀長
オラニエ師団が来るまで耐えるんだ

連隊前へー
ドン
パ
あとは部下を
信頼しよう
じゃないか
ワ
ハッセンハウゼンを
再占領したぞ
ワ
よーし
騎兵部隊を使って
戦果を拡張
するぞ
伝令
前へ!!

ブラウンシュヴァイク公
まだ生きておられる
後送しろ
陛下 ハッセンハウゼンはわが軍が再占領しました
よし よくやった
陛下 次の指示を出してください
次？
ブラウンシュヴァイクがおるだろう 彼に聞け いま前線に出ている
前線ってどちらですか？
知らん

師団長
敵は後退しました
追撃しましょう
連隊長
待て…
まだ命令が
出ていない
何をバカな
今がチャンスです
我が師団だけでも
追撃すべきです
ほかの師団の
動きがわからん
逆に包囲
される恐れがある
どうした?
プロイセン軍の
動きがにぶく
なったぞ
敵の動きが
止まった
だと?
天佑か…
総攻撃を
かけろ!!
撃て!!
撃て!!
撃て!!

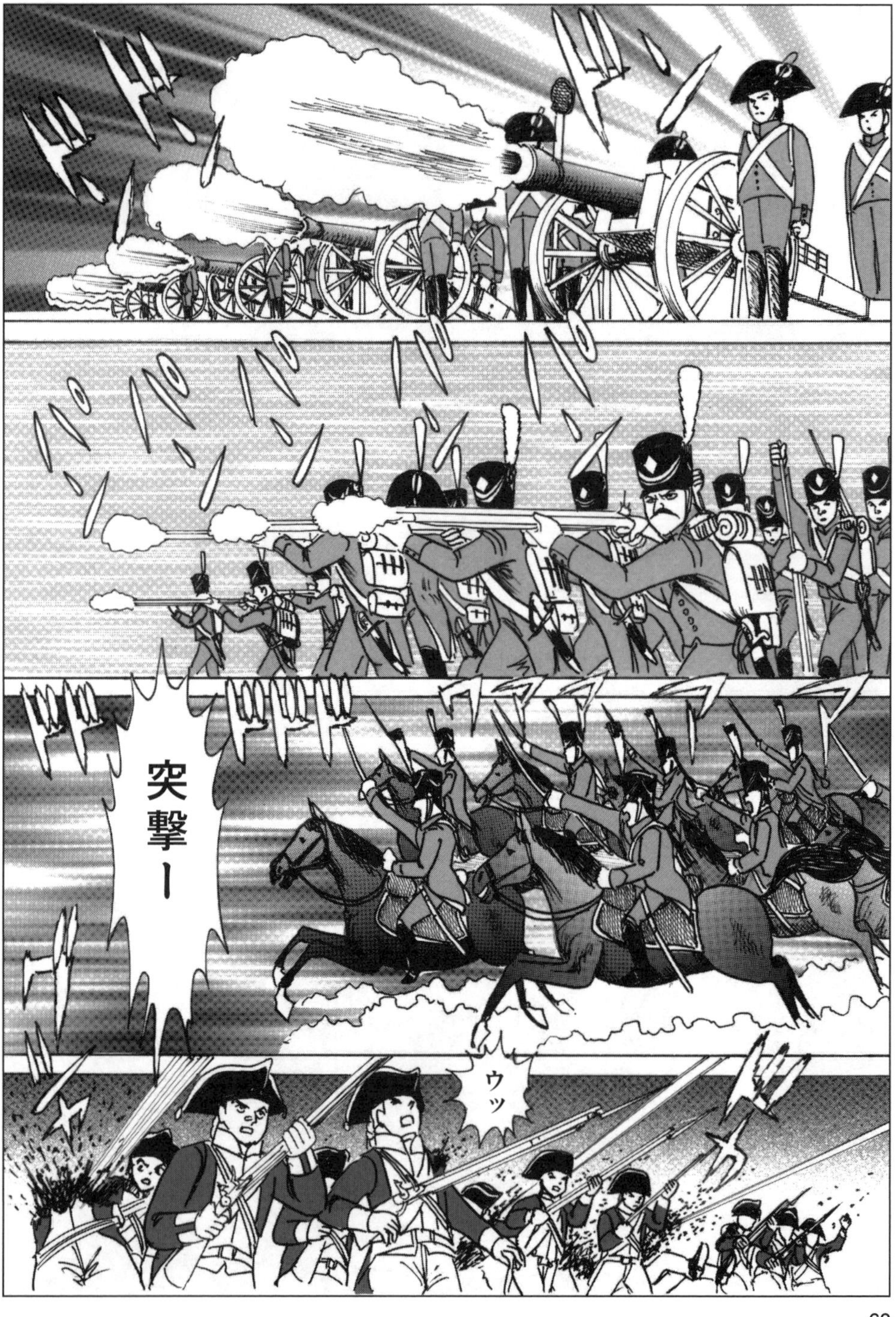
突撃ー
ウッ

なぜ
なぜ戦力が倍の
我が軍が押されて
いるのだ?
陛下
オラニエ
師団が到着
しました
参謀長
我が軍は
右翼、左翼
どっちが
危ない?
うーん
どっちも
同じくらい
ですかな
ならば
師団を半分にし
左右にそれぞれ
増援しろ!
ブラウン
シュヴァイク公は
致命傷を負った。
その後は
フリードリッヒ・
ヴィルヘルム3世
自身が指揮をとる
こととなった。
彼がオラニエ公
に命じたのは、
師団をひとまと
まりにして
フランス軍の片方
の翼に大量攻撃を
かけるのではなく、
師団を分割して
プロイセン軍の両翼に
配置することであり、
これによって決定的瞬間に
大軍を投入する機会が失われ
てしまった。
「戦闘技術の歴史4」(25)
一軍が三分割された場合ほどまずいものはない。
まして二分割の場合などなおさらのことである。
『戦争論』(26)

ダブー閣下、モラン師団が到着しました
参謀長 プロイセン軍は増援を分割してしまったぞ
こちらは全力で左翼に投入する
わかりました しかし敵は戦闘力の集中という戦術原則をなぜ無視したのでしょう?
さあな
素人が指揮してるんだろ

戦場の潮目が変わった
シャルンホルスト大佐
参謀長は戦死し連隊長、大隊長も大半が死傷した
あとはわずかな数の将校と下士官、兵のみだシャルンホルスト大佐君の力が必要だ
ワワワワワワワ
さがれー退却だー

イエナ近郊 フランス軍
陛下ー
アウエルシュタットでダブーの第3軍団が6万の敵主力を撃破したそうです
え?
第3軍団は2万7千の戦力だ2倍以上の敵を撃破できるはずがない
ダブーは近視だから敵が二重に見えたんだろ
アウエルシュタット
なぜだ
なぜ?

クラウゼヴィッツ
我が軍が敗走を
始めたぞ
6万の軍が
どうする?
殿下は
敗走する兵を回収して
後退してください
私は
殿下を援護
しつつ後退します
グッ
わかった
マグデブルクを目指そう
大隊の指揮を君に
委譲する
わかりました
何名か将校をつけます
大隊から離れないように
してください
全員よく聞け
これより本大隊の指揮を
クラウゼヴィッツ大尉
がとる!
大隊は
プロイセン軍を回収し
後退する殿下を援護しつつ
マグデブルク方面へ
後退する

今こそ日頃の訓練の成果を見せる時だ密集隊形をとれ!!
第1中隊は偵察隊を編成しろ!!
ヒュルセン少尉君は殿下を守ってくれ
はい
パ
パ
追えー
プロイセン兵を一人も逃すな
いたぞ!
降伏しろ撃つぞ!
ガ
ガ
ガ
ガ
ガ
ガ

右から迂回しろ!
ぐっ
くそっ やつら方陣を組んでるぞ
しかも射撃は正確で統制がとれている!!
クラウゼヴィッツ大尉 今度は騎兵が来ます
対騎兵戦用意!!

ギャア
撃て！
ダブー閣下
プロイセン軍は潰走していますが一部はまだ組織的に抵抗しています
最後の一兵まで追うんだ
追撃は継続することが重要なのだ
10月28日　プレンツラウ近郊
ズブ
ズボ
ズボ
クラウゼヴィッツ
ここはウッカー川だ
周囲は沼だらけだぞ
大尉
これ以上進めません
弾ももう撃ちつくしました
ズボ

この2週間
敵の追撃をふりきり
騎兵の攻撃を
7回も撃退したんだ
ここで降伏してたまるか
大尉、騎兵です
やつら
沼地で
動けないで
いるぞ
突撃!!
うおお
ぐあ
このやろ
こんちくしょ

殿下
ヒュルセン少尉!!

グッ
貴様
まだ子供
だぞ!!
やめろ!!
クラウゼヴィッツ
降伏する

ギュ
アウグスト親王の大隊は
フランス式戦法のいくつかを真似て
すでに演習済みだった。
クラウゼヴィッツは部下の
三分の一で偵察隊を組織し、
密集隊形のまま撤退する軍隊の
援護にあたらせた。
フランス軍は
追撃の手をゆるめない。
プロイセン軍は各部隊ごと落伍者や
捕虜になる兵士が毎日数千人にのぼった。
ブリュッヒャー将軍がシャルンホルストの協力で
寄せ集めた2万2千人の兵士は退却中も善戦したが、
リューベックで惨敗し、武装解除させられた。
ホーエンローエ公の後衛を務めたアウグスト親王と
クラウゼヴィッツの近衛隊240人は、
10月28日ベルリンとバルト海の中間にある
プレンツラウ付近で降伏した。
（ピーター・パレット著「クラウゼヴィッツ『戦争論』の誕生」）(27)

同じころベルリン
二人のフランス軍将校の回想は矛盾している。
「沿道の窓には市民たちが群がり、まるでアウステルリッツの戦勝後のパリに凱旋した時のような歓迎を受けた」
（J・R・コワニエ大尉）
一方、
「店は固く扉を閉ざし、窓には人影ひとつ見えなかった」
（バルカン少佐）
（ティエリー・レンツ著『ナポレオンの生涯』）(28)
おそらく事実は後者であったろう。
ケーニヒスベルク
中世後期から1945年まで東プロイセンの中心都市であった。
現在はロシア連邦のカリーニングラードとなっている。
ケーニヒスベルク城

マリー
王妃様ご機嫌ななめだわ
どうしましょ
ルイーゼ様
おのれナポレオン

24 戦争とは他の手段をもってする政治の継続にほかならない

かくてわれわれは次のごとき原則を了解するに至った。すなわち戦争は単に一つの政治的行動であるのみならず、実にまた一つの政治的手段でもあり、政治的交渉の継続であり、他の手段による政治的交渉の継続にほかならない、ということを。戦争がもし特異なものであるというのなら、それは戦争のもつ手段としての特異性のことにすぎないだろう。政治の方向や意図をこれらの手段と矛盾させないようにすること、それは一般に兵学が要求し得る事柄であり、また個々の場合にわたっては最高司令官が要求しなければならぬ事柄でもある。そしてこの要求は実際軽んじてよいものではない。ところで個々の場合にわたって戦争が政治的意図にたとえどれほど強く反作用を及ぼしたにしても、その反作用は常に政治的意図に対して修正を加える以上のことができるはずのものではない。というのは政治的意図は目的であり、戦争はあくまでも手段だからである。目的のない手段などとはおよそ考えられないことを見ても以上のことは明らかであろう。

（『戦争論（上）』〔中公文庫〕63～64頁、第一部第一章より）

第二章 戦争における目的と手段

戦争が政治的目的に対する正当な手段となるためには、どのような目標をもたねばならないかを問題とするとき、われわれは戦争の政治的目的や各々の状況と同じく、それは場合に応じてさまざまであることに気づくであろう。

まず第一に、再び戦争の純粋概念に立ち帰ってこれを考察すれば、戦争の政治的目的なるものは厳密に言って戦争の領域外のものであるということである。なぜなら、戦争がもし敵を屈服させてわれわれの意志を受け容れさせる暴力行為であるとするなら、常に敵を打倒すること、すなわち敵の抵抗力を奪うことだけが唯一の目的となり、またそれだけで十分なはずだからである。われわれは、まずこの純粋概念から演繹された戦争の目的を現実世界について検証してみようと思う。というのは現実世界にあってもこのような純粋概念の戦争に似通った現象が、まま見出されるからである。

われわれは後に作戦計画を論ずるについて、一敵国の抵抗力を奪うとはそもそもいかなることか、ということを一層詳しく論ずるつもりである。しかしさしあたってここでは、一般的な客体として他のすべての要素を包合している三事象について考察しておかねばならない。その三事象とはすなわち戦闘力・国土・敵の意志のことを言うのである。

戦闘力は壊滅されねばならない。言い換えれば、戦闘力はもはや闘争を継続し得ないような状態へと陥しめねばならない。ついでながら、以下本書において「敵の戦闘力の壊滅」という言葉を使うとき、常に右のような意味で理解されるべきであることを断わっておこう。

国土は占領されねばならない。というのは、国土から新たなる戦闘力が形成される恐れがあるからである。

しかし戦闘力の壊滅と国土の占領がともに行なわれたとしても、それと同時に敵の意志を屈服させない限り、すなわち敵の政府とその同盟国とに講和条約を調印させ、敵国民を降服させない限り、戦争、つまり敵の諸力の緊張とその作用とは終結したものとは見なされない。というのは、われわれがたとえ完全に敵の国土を占領していても、新たな闘争が内発的に、あるいはまた同盟国の援助を受けて勃発しないとも限らないからである。もちろんそのようなことは講和の後にも起り得る可能性はある。しかしそれは、いかなる戦争であってもまったく完全に終結した戦争などはあり得ない、ということを示しているにすぎないのである。いずれにせよ仮にそのようなことが起り得るとしても、講和締結の後では、陰微に燃え続けていた多くの感情の火は消え失せ、そして緊張もまた次第に弛んでゆくものである。なぜならば、いかなる国民の中にも、またいかなる状況の下においても、平和を求める人々は常に多数いるものであって、講和締結後には彼らはまったく抵抗のことなど考えないものだからである。その他の点では若干問題が残っているにしても、一応われわれは講和とともに戦争の目的は達成されたものと見なさねばならないし、戦争の事業はそれで終結したものと見なさなければならないだろう。（後略）

（『戦争論（上）』〔中公文庫〕68〜70頁、第一部第二章「戦争における目的と手段」より）

第2部　攻撃と防御

第2部 主な登場人物

グナイゼナウ中佐
プロイセン軍参謀

ルイーゼ
プロイセン王妃

クラウゼヴィッツ少佐
プロイセン軍

ヨルク将軍
プロイセン軍

クトゥーゾフ将軍
ロシア軍

マリー
クラウゼヴィッツの妻

アレクサンドル１世
ロシア皇帝

ネイ元帥
フランス軍

ナポレオン

1807年春 パリ
パリの街は華やいでいるなクラウゼヴィッツ
ボンジュールマドモアゼル
キャ
プロイセンの将校だわ
おいクラウゼヴィッツ何をそんな暗い顔をしている
ナポレオンが捕虜の我々にパリ見学まで許してくれているんだ
せっかくだから楽しもうじゃないか

今、ヴァルミーの戦い(※)を考察中なんです。
「これから、そしてこの日から世界史の新しい時代が始まる」
当時プロイセン軍に従軍していたゲーテの言葉です。
※ヴァルミーの戦い 1792年フランス北東部で起きたフランス軍とプロイセン軍の会戦
プロのプロイセン軍は素人のフランス革命軍に負けたのです 我々はこの戦い以降のフランス軍を学びプロイセン軍改革の足がかりをつくらねばなりません
我々は捕虜となりましたがフランスにいるのは不幸中の幸いです ここで徹底的にフランス軍を分析しましょう
やれやれ君の頭の中はいつも戦争のことでいっぱいなんだな
少しは人生を楽しみたまえ
貴様おとなしくしろ

ガヤガヤガヤ
いったい何ごとです？
憲兵が脱走兵を捕まえたのさ最近多いんだよ
あんなに大勢で20～30人はいる
2～3人がベテランであとは徴募兵さ兵の質も落ちたのかな
訓練も兼ねているんだろうがどんなもんかね
フランスはすべての行政措置が徹底的に軍国主義化されているが国民性にはその影響が見られない (1)
最初は革命的熱狂が人を動かしていたのかもしれないが、今は合理的に組織され、統率された官僚機構が国民を操作しているのだろう
だとすればフランス軍にも弱点はある
殿下
ボンジュールマドモアゼル一緒にオペラに行かない？
……

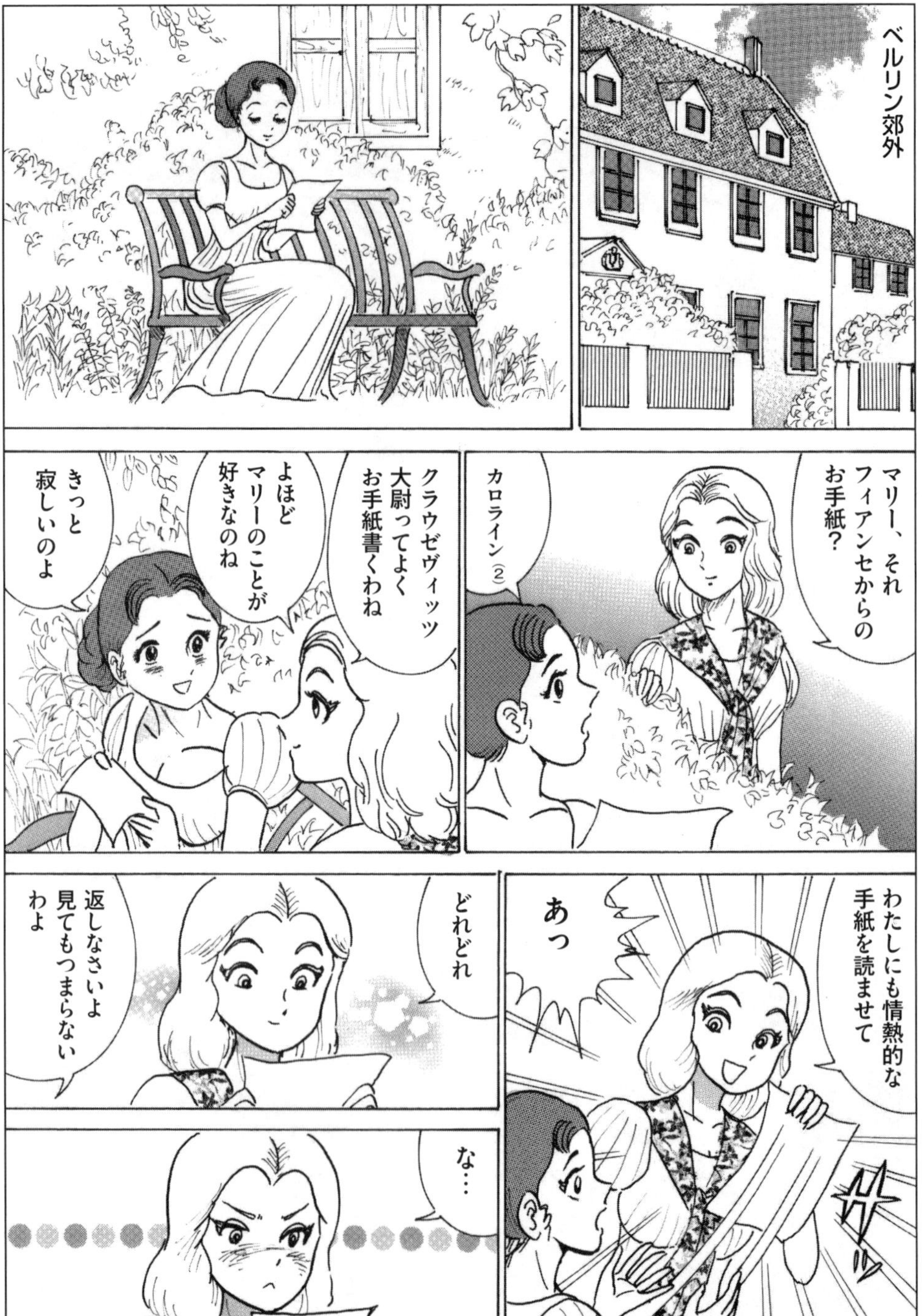
ベルリン郊外
マリー、それフィアンセからのお手紙?
カロライン②
クラウゼヴィッツ大尉ってよくお手紙書くわね
よほどマリーのことが好きなのね
きっと寂しいのよ
わたしにも情熱的な手紙を読ませて
あっ
サッ
どれどれ
返しなさいよ見てもつまらないわよ
な…

ドイツ人は気魄（きはく）が欠けていることがますます目につくようになりました。個性を失い、物事に筋を通す気力も乏しくなっているのをそちこちで見るにつけ誠に嘆かわしい限りです。やり場のない悲しみを抱いて私はこの手紙を書いています。ドイツ民族はもっと誇りと尊厳を持つべきだと私ほど切実に感じている者はいないのではないかと…(3)
なにこれ～これがフィアンセに送る手紙？
だからつまらないって言ったじゃない
彼、情熱家なのよ
そして愛国者
あなたは彼の一途なところが好きみたいだけどわたしから見るとね
他人に対して懐疑的だし、堅物だしユーモアもないしつまんない男だと思うけど…(4)
誰がつまらない男だってカロライン
ギク

カール
ただいま
!!
クラウゼヴィッツは1807年に釈放され11月にベルリンに戻る。
彼はここでプロイセン政府と軍部が疎開しているケーニヒスベルクへアウグスト親王とともに帰国報告に出頭する命令を待つ。(5)
1808年4月1日
ケーニヒスベルク
プロイセン陸軍疎開先
よく戻ってきたなクラウゼヴィッツ
お久しぶりです
シャルンホルスト少将

これからは軍事改革が喫緊の課題だ
私は軍事機構改革委員会の
議長になった
プロイセンを建てなおすために
力を貸してくれ ⑹
わかりました
私はイエナ、アウエルシュタット
の戦いやフランスでの抑留生活で
いろいろと考えることが
ありました
これからの軍隊は
王家の道具ではなく
国家のものであるべきです
将校は貴族、下士官・兵は
傭兵という制度をなくし
国民から広く軍人を
集めるべきです
そしてより優れた装備と
近代的戦術を導入し
実戦的訓練を通じて
戦闘能力向上を図るのです
今から君の机に
案内しよう
今日から
忙しくなるぞ

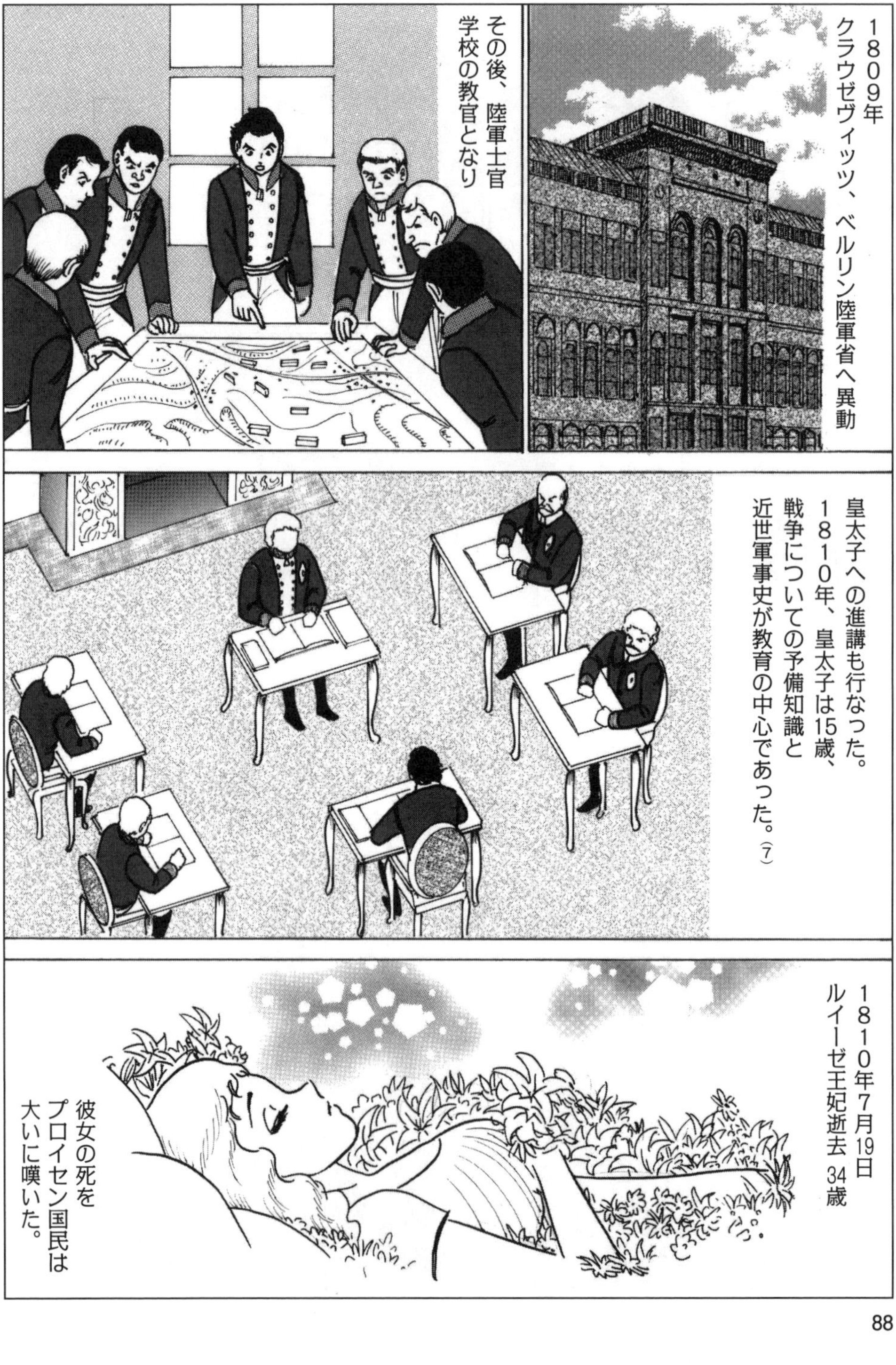
1809年
クラウゼヴィッツ、ベルリン陸軍省へ異動
その後、陸軍士官
学校の教官となり
皇太子への進講も行なった。
1810年、皇太子は15歳、
戦争についての予備知識と
近世軍事史が教育の中心であった。⑺
1810年7月19日
ルイーゼ王妃逝去 34歳
彼女の死を
プロイセン国民は
大いに嘆いた。

1810年12月17日
クラウゼヴィッツとマリーは結婚。
しかし、幸せな日は長く続かなかった……
1812年2月24日の協定により
プロイセンはライン同盟諸国ともども
ナポレオン軍の堅固な前線に組み入れられ、
領土内の補給所・部隊集結地、西から東へ走る主要道路は
すべてフランス軍の管轄下に置かれた。(8)
プロイセン参謀本部
クラウゼヴィッツ少佐
この文書はなんだ?

フランスとの同盟条約に反対しあくまでフランスと戦うことを主張した建白書です
この建白書を国民に配布し愛国心を鼓舞し国民を武装化させればフランスに勝てます今のプロイセンにはそれだけの国力があります
やめておけ
なぜです⁉グナイゼナウ大佐
フランスはプロイセンの自由を奪おうとしています自由のために勇敢に戦う国民は滅びないたとえ血みどろの名誉をかけた戦いで自由を失ってもこれを戦いぬいた国民は必ず再生します‼

君の言うことはわかる
しかし、同盟はもう決まったことだ
それにこれを公表することは
国王に弓を引くことになる
では
どうすれば
いいのです
大佐は
どうするおつもり
なんですか!!
このままで
いいはずはない
私には私の考えがある
シャルンホルスト少将も
考えるところが
あるみたいだ
これは返し
ておく
陸軍官舎
マリー、私は
ロシアへ行く

カール
プロイセンを見捨てるわけではない。近いうちにロシアとフランスは戦争する
私はロシアでナポレオンを倒しプロイセンの真の独立のために戻ってくるつもりだ
これは私たちの結婚を後押ししてくださったルイーゼ王妃の無念を晴らし、恩に報いるためでもあるんだ
ルイーゼ様
彼は立派な男よ
身分の差なんて関係ないわ マリー、私があなたの両親を説得してあげるわ
ルイーゼ王妃死去の3年前―― 1807年7月6日 ティルジットにおいて、ナポレオンとロシアの皇帝アレクサンドル1世とプロイセン王フリードリッヒ・ヴィルヘルム3世はイエナを含む一連の戦いの和平交渉を行なった。ナポレオンはプロイセン王を相手にせずプロイセンに厳しい条件をつきつけた。
ナポレオン
ネマン川でナポレオンとアレクサンドル1世のみが会談
アレクサンドル1世
フリードリッヒ・ヴィルヘルム3世はルイーゼ王妃の美しさにナポレオンが心を和らげプロイセンとの講和条約をゆるめてくれることを期待した。

ホウ
うわさどおりに美しいお方だ
陛下 あなたは完全な勝者です
これ以上の勝利は必要ないと思うのですが？
それは これからの会談次第ですよ 場合によってはプロイセンの破壊につながる可能性もあります
プロイセン領ポーランドにワルシャワ公国とエルベ川左岸にウエストファリア公国を創設 ダンツィヒ市を自由市に プロイセン軍を4万2千人に縮小 賠償金の支払い、その完済までフランス軍が駐屯する これは最低限の条件です

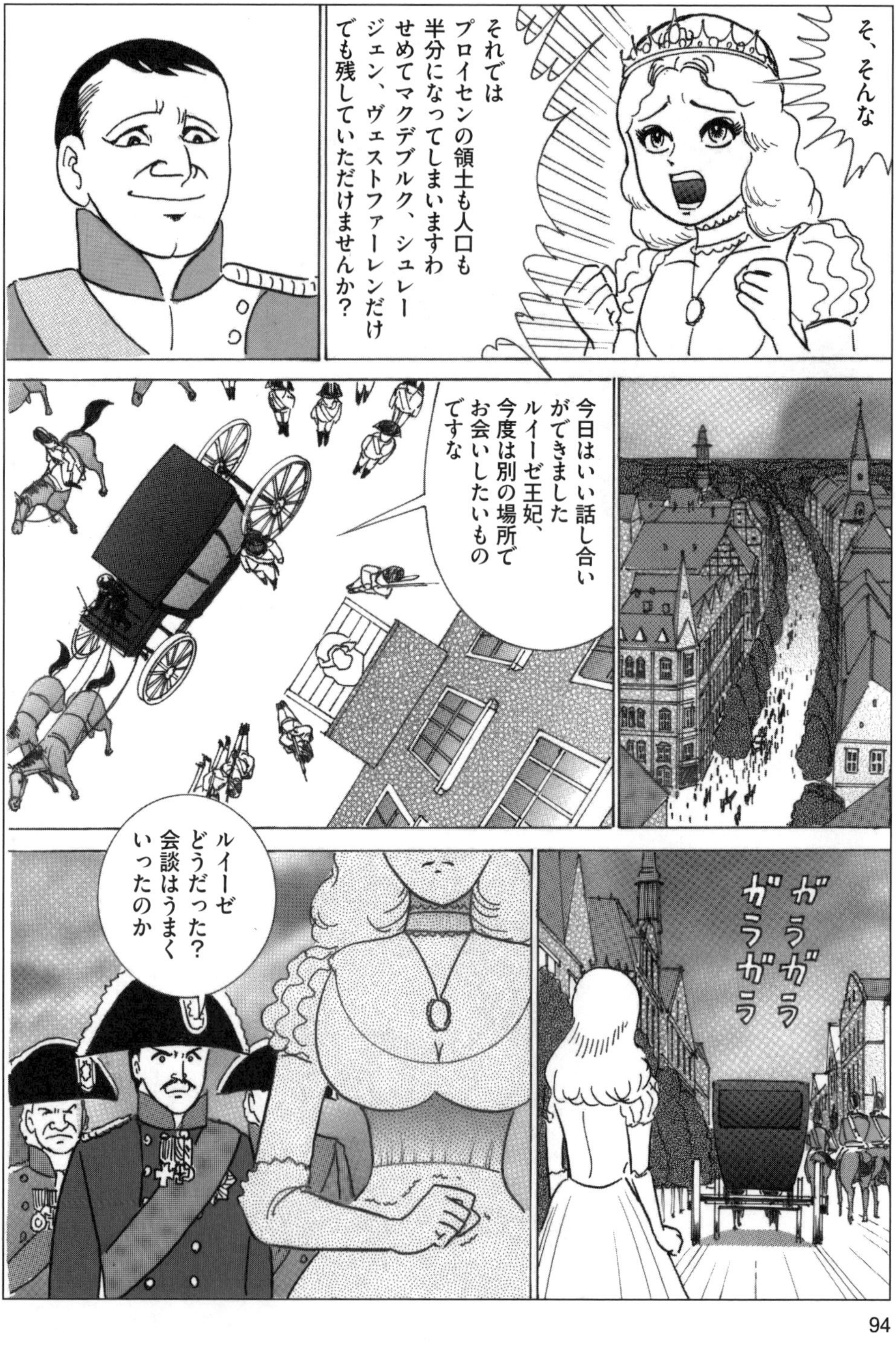
そ、そんな
それでは
プロイセンの領土も人口も
半分になってしまいますわ
せめてマクデブルク、シュレー
ジェン、ヴェストファーレンだけ
でも残していただけませんか?
今日はいい話し合い
ができました
ルイーゼ王妃、
今度は別の場所で
お会いしたいもの
ですな
ガラガラ
ガラガラ
ルイーゼ
どうだった?
会談はうまく
いったのか

陛下 あなたは残酷な まちがいを犯して おいでです
あなたの 無慈悲な処置は まちがっています!!
1812年3月 ベルリン宮殿
皇太子 のちのフリードリッヒ・ヴィルヘルム4世(9)
クラウゼヴィッツ少佐 ロシアの軍服がよく お似合いだな

皇太子殿下
私はロシアで
ナポレオンを倒し
必ずプロイセン再興の
ために戻ってまいります
これは別れの手紙です
これからも勉学に励み
精進を続けてください
んっ
クラウゼ
ヴィッツ少佐
武運長久を祈って
いるぞ
1815年5月 ロシア領ヴィルナ
ロシア軍宿営地
ここでクラウゼヴィッツは
グナイゼナウやティーデマンらの友人たち
と再会する。グナイゼナウはイギリスへ
特使として出発する。⑽

1812年6月22日、ナポレオンのロシア遠征が開始された——先導を務めるポーランド騎兵の哨戒隊はニーメン川の西岸に注意深く駆け上がり、対岸の彼方に敵の気配があるかどうかを入念に観察した。(11)
翌日渡河を開始。
(注) 129年後の1941年6月22日ドイツはソ連に侵攻している

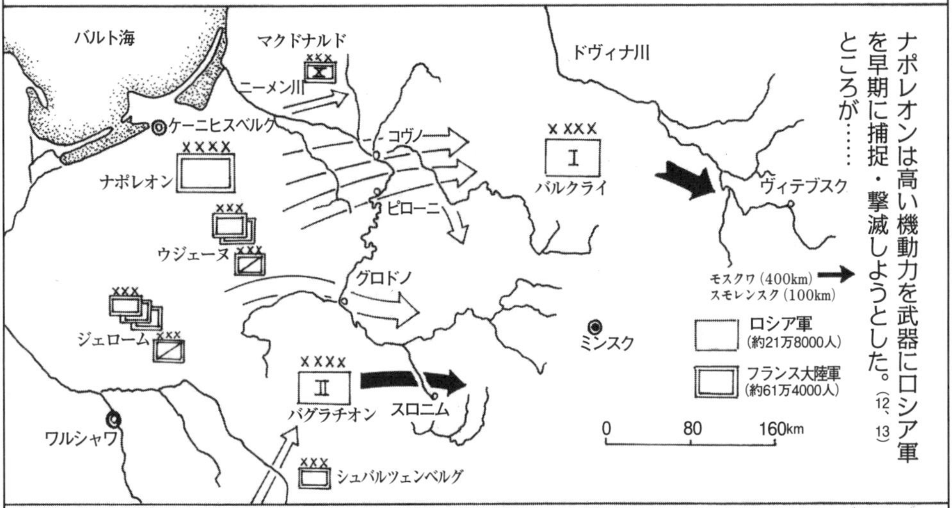
ナポレオンは高い機動力を武器にロシア軍を早期に捕捉・撃滅しようとした。(12、13)
ところが……
バルト海
マクドナルド
ニーメン川
ケーニヒスベルグ
ナポレオン
コヴノ
ピローニ
ウジェーヌ
グロドノ
ジェローム
ワルシャワ
バグラチオン
スロニム
シュバルツェンベルグ
ドヴィナ川
バルクライ
ヴィテブスク
モスクワ（400km）
スモレンスク（100km）
ミンスク
ロシア軍
(約21万8000人)
フランス大陸軍
(約61万4000人)
0
80
160km

部隊の前進速度が早いため輜重隊が遅れはじめた
ガラ
ガラ
ガラ
ガラガラ
うう

ヴィルナ
7月5日
バグラチオンが7個師団を伴ってスロニムとミンスクに移動中だと
ジェロームはいったい何をしていた
ジェロームはナポレオンの3番目の弟でヴェストファーレン王国の国王であった。彼はこの叱責を受け勝手に帰国した。彼の部隊7万は一時的にダブーの指揮下に入った。[14]
炎上するミンスク
ダブー閣下 ミンスクにロシア軍はいません 物資もほとんど残っていません
……

陛下
デュナブルクもドリッサも
ロシア軍はほとんど抵抗せず
に後退しました
なぜだ
やつらどこまで
さがるつもりだ
ロシア軍
第1西方軍

バルクレイ閣下⑮ どこまでさがる おつもりですか
宮廷ではいつ 攻勢に出るかと やきもきして いるようですが…
参謀長 スモレンスクで バグラチオンと 合流する
スモレンスク での作戦計画 を作成しろ
はっ
スモレンスク
ヴィテブスク
フランス軍第3軍団 ネイ元帥⑯
敵は 焦土作戦 できたか

ゴオオオオ
水 水だ
おい 馬の小便だぞ
スモレンスク 8月下旬
スモレンスクはドニエプル川にまたがる大都市である。1812年でも南岸の旧地区は4マイルに達する巨大な中世の市壁で囲まれていた。
都市防衛を命ぜられたラエフスキー第7軍団は敵の接近を遅らせるため郊外を出た場所に自軍の大半を展開させ予備を市中に留めた。⑰
ネイ閣下 ついにロシア軍をつかまえましたね
陛下に報告だ ここでロシア軍を撃滅する

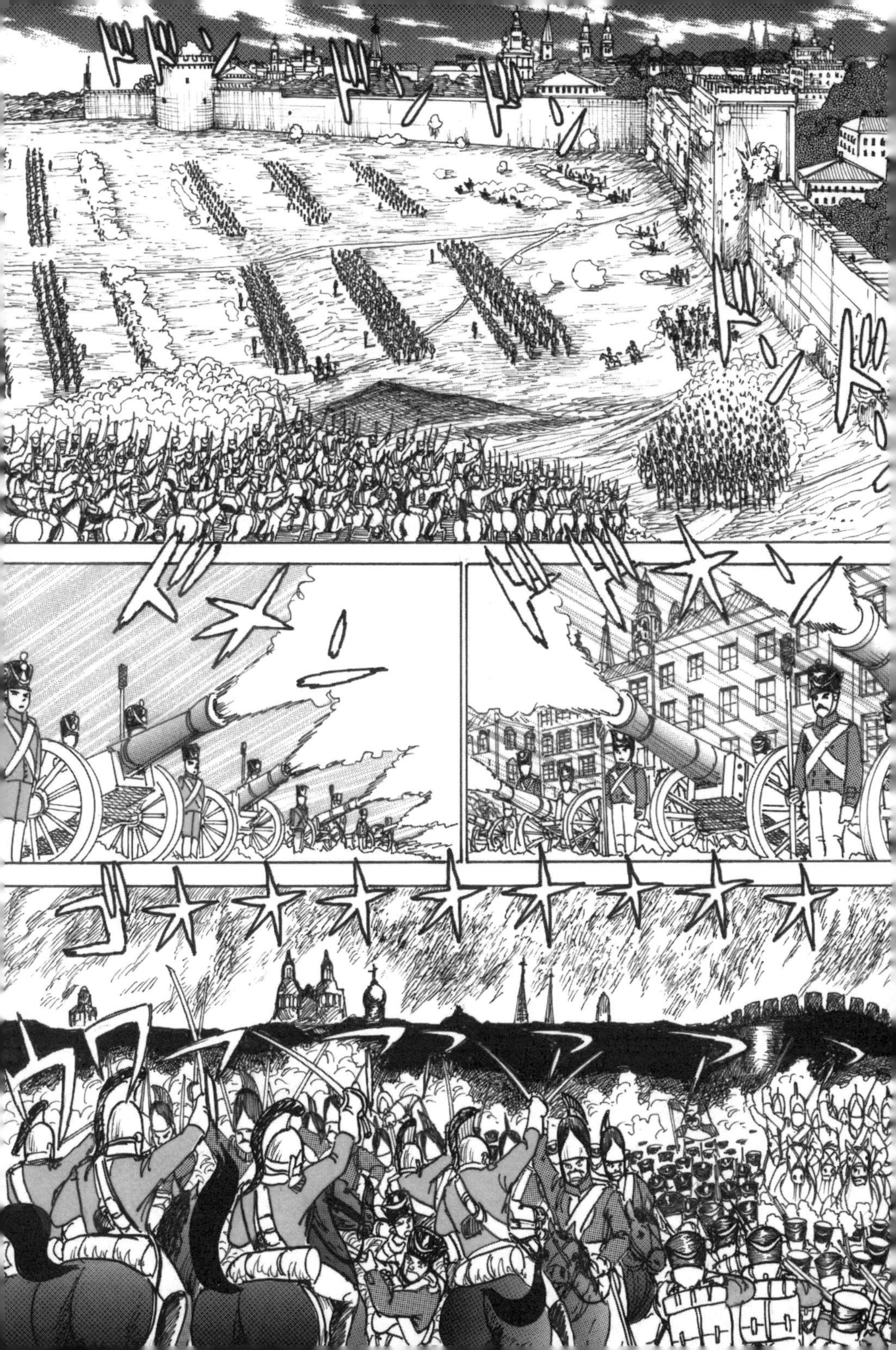

ワァァァ
ワァァァ

陛下
現在敵主力を
ダブーとネイの
両軍が追撃中です
ロシア軍は
まださがる
のか
陛下
兵士の疲労は限界に
来ています
スモレンスクで
戦力を回復することを
進言します

疲れているのはロシア軍も同じだ
ロシア帝国の中枢部に一撃を加えれば孤立した軍団による付随的な抵抗などすぐに撃破できる
1カ月と経たないうちに我々はモスクワに赴いているだろう
6週間以内に我々は平和を獲得しているだろう⑱
サンクトペテルブルク冬宮

なぜバルクレイは後退ばかりしているのだ
フランス軍の消耗を待ち反撃する機会を待っているのはわかる
しかしそれはいつなのだ？
バルクレイ殿は明確な時機については何も申しておりません陛下
貴族たちの不満も民衆の抵抗感情も急速に高まっている
バルクレイを更迭しクトゥーゾフ⑲を最高司令官とする
後退の時は終わった

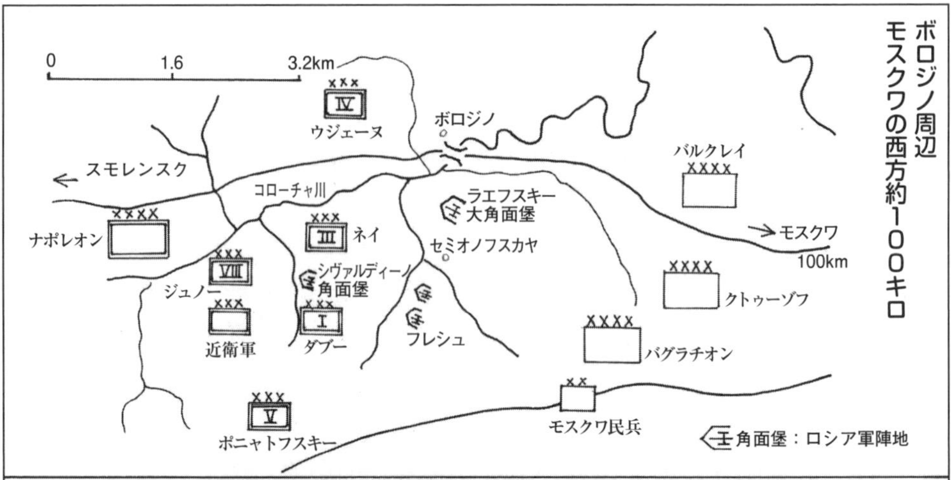
ボロジノ周辺
モスクワの西方約100キロ
0
1.6
3.2km
ウジェーヌ
ボロジノ
スモレンスク
コローチャ川
ラエフスキー
大角面堡
バルクレイ
ナポレオン
ネイ
セミオノフスカヤ
モスクワ
100km
シヴァルディーノ
角面堡
ジュノー
クトゥーゾフ
近衛軍
ダブー
フレシュ
バグラチオン
モスクワ民兵
ポニャトフスキー
角面堡：ロシア軍陣地

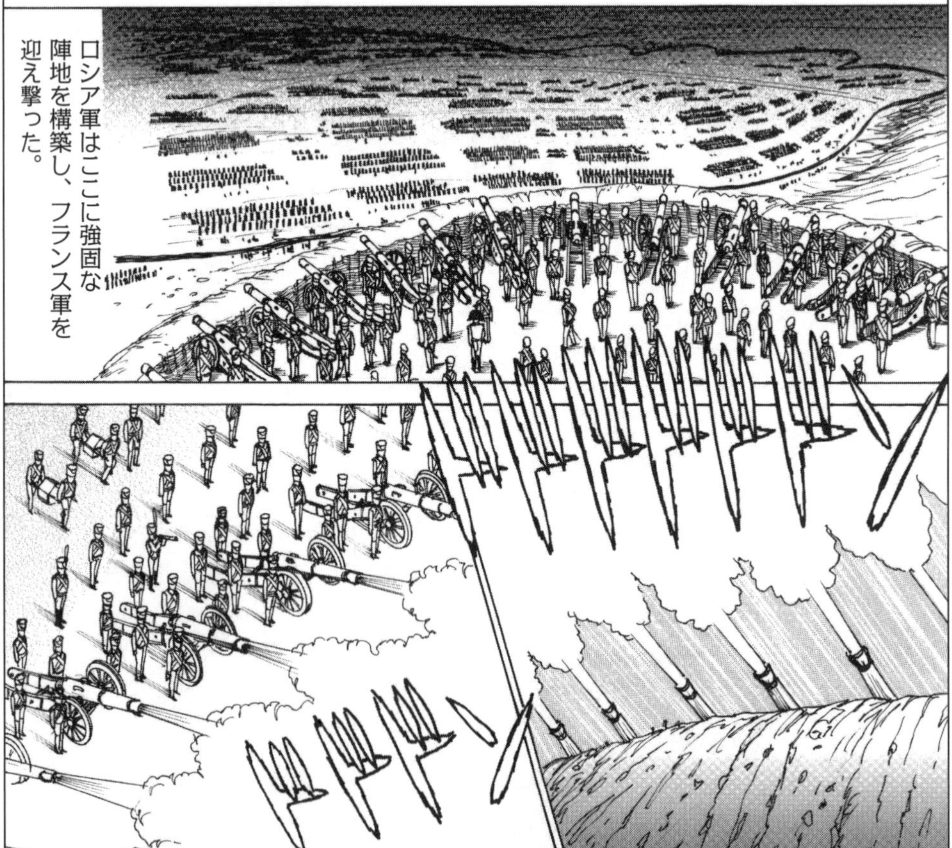
ロシア軍はここに強固な陣地を構築し、フランス軍を迎え撃った。

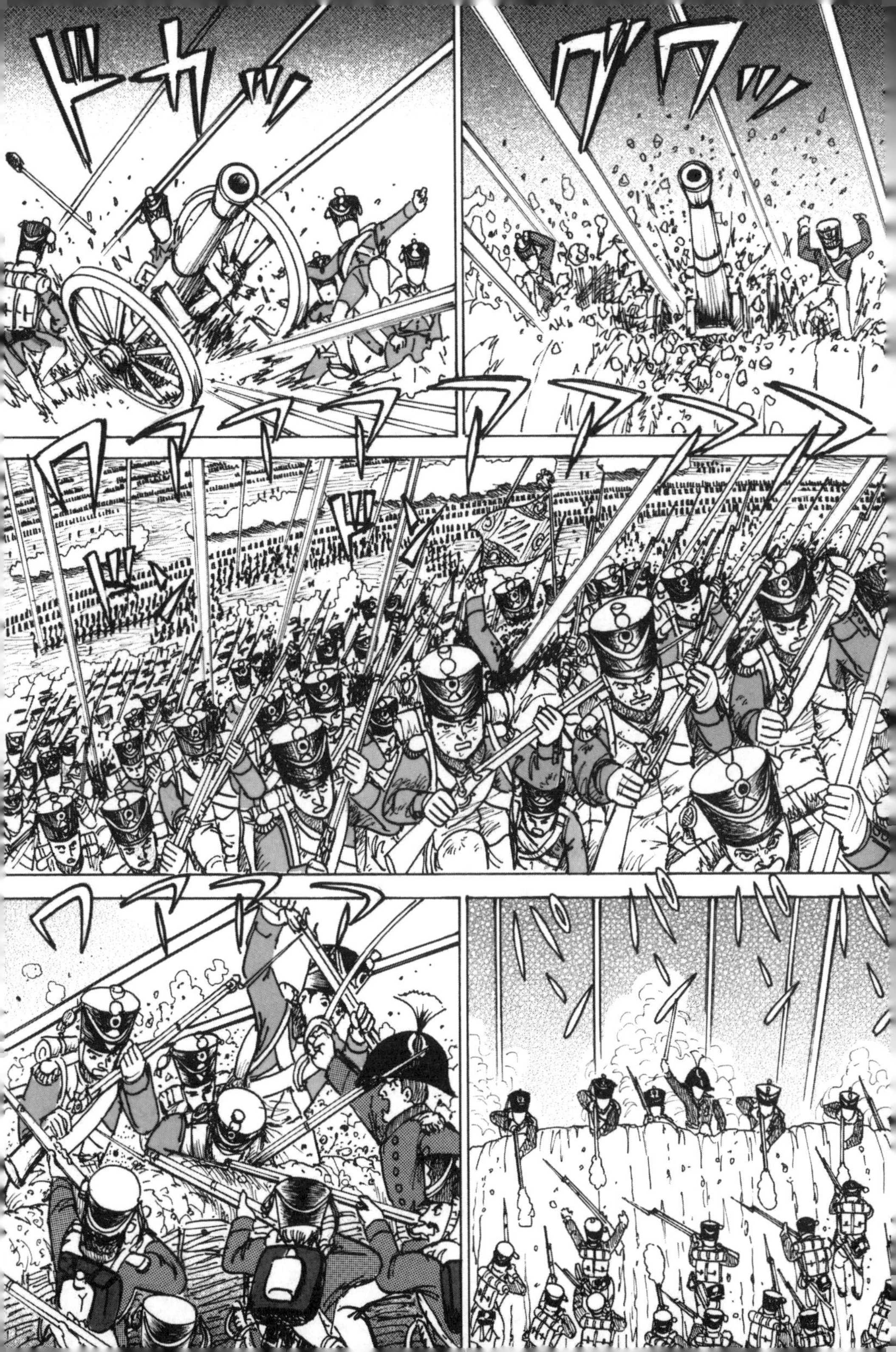

グワッ
ドカッ
ワァァァァァァァァ
ドッ
ドッ
パパパパパ
ワァァァ

タタタ、
タタタ、
ワァァァ

ワアアアア
バグラチオン[20]閣下につづけー
フランス第1軍突撃ー
フランス第3軍突撃ー
アレクサンドル1世万歳!! 第1軍突撃ー

そもそも防御の概念とは一体
何であろうか。

それは敵の襲撃に
抵抗することである。
しかしながら
防御側も実際に戦争を
遂行するには、突撃して
くる敵に突撃をもって
応えなければならない。
『戦争論』(21)

『戦争論』の「第六部防禦」と「第七部攻撃」は同書の合わせて4割以上の分量を占めている。その中でも防禦の重要性はとくに強調されている。戦例としてたびたびナポレオンのモスクワ遠征が使われており、この時の従軍体験が大きく影響しているものと思われる。

1　防禦の概念

そもそも防禦の概念とは一体何であろうか。それは敵の襲撃に抵抗することである。したがって防禦の一般的性質は、敵の襲撃を待ち受けることにあると言ってもよいだろう。つまりこの待ち受けるという性質がみられる時、常に行動は防禦的なものになり、そしてまたこの性質の有無によってのみ、実戦上の防禦と攻撃との区別がつけられるのである。しかし絶対的な防禦というものは戦争の概念とまったく矛盾することになる。なぜならそのような場合は一方だけが戦争を遂行しているにすぎないという妙なことになるからである。それ故、防禦といっても実戦においては単に相対的なものであるのは言うまでもない。要するに防禦の特徴というのは総体的な意味に使われるべきであって、その個々の部分にわたって使われるべきものではない。例えば敵兵の襲撃、突撃を待ち受けるというのなら、これは局部的戦闘における防禦の立場であり、敵の部隊の攻撃、すなわち彼らがわが陣地の前に押し寄せ、わが火砲の射程内に入るのを待ち受けるというのなら、これは会戦における防禦の立場であり、はたまた敵軍がこちらの予定した戦場に侵入してくるのを待ち受けるというのなら、これは戦役における防禦の立場と言うべきである。これらすべての場合にわたって敵を待ち受け、食い止めるという性質は、総体的概念であって、決して戦争の概念と矛盾するものではない。というのは、敵がこちらの銃剣に向かって突撃してきたり、こちらの陣地、こちらの予定の戦場に攻撃をしかけてきたりするのを待ち受けた方が有利な場合もあり得るからである。しかしながら防禦側も実際に戦争を遂行するには、突撃してくる敵に突撃をもって応えなければならないので、防禦戦とはいってもある程度攻撃行動もなければならない。もっともここで言う攻撃とは、あくまでもこちらの陣地、こちらの戦場の範囲内での攻撃であることは言うまでもないが。したがって防禦的戦役において攻撃的戦闘を遂行し、防禦的会戦において攻撃的に個々の師団を動かし、最後にまったく陣地に立て籠もって、突撃してくる敵を攻撃的射撃で迎え撃つこともあり得るわけである。それ故、交戦にあたっての防禦的態勢というものは決して単なる楯のようなものと考えられてはならず、巧妙に攻防両用に用いられる楯のごときものと心得るべきである。

2防禦の利益

ところで次に防禦の目的とは何であろうか。それは現状を維持することである。もともと現状を維持することは新たな状況を獲得することより容易である故に、もし両軍とも同一の手段に限られていると仮定すれば、防禦の方がはるかに攻撃よりも容易であるという結論になる。ところで現状を維持すること、つまり防禦することがかくまで容易であるというその理由は何であろうか。それは、攻撃者の無為に浪費するすべての時間が防禦者の利益になるからである。防禦者は自ら蒔《ま》かずして収穫を手に入れるわけである。状況誤認からであれ、恐怖からであれ、はたまた単なる怠慢からであれ、攻撃者がとるあらゆる躊躇《ちゅうちょ》的行動は、すべてそのまま防禦者の利益になる。七年戦争中、プロイセン国家を一度ならず壊滅から救ったのは実にこの利益であった。——防禦の概念および目的から必然的に結論づけられるこの利益は、すべての防禦にあてはまる性質のものであるにとどまらず、その他の人事、特に戦争状態によく似た法律関係にもあてはまるものであると言えよう。ラテン語の格言「幸いなるかな、持てる者よ」は、この間の事情をよく言いあらわしている。防禦者には以上の利益のほかに特権的に許されているもう一つの利益がある。それは戦争の性格によってだけ言えることではあるが、防禦者は地形の援助を頼むことができるということである。

（『戦争論（下）』〔中公文庫〕12～14頁、第六部「防禦」第一章「攻撃と防禦」より）

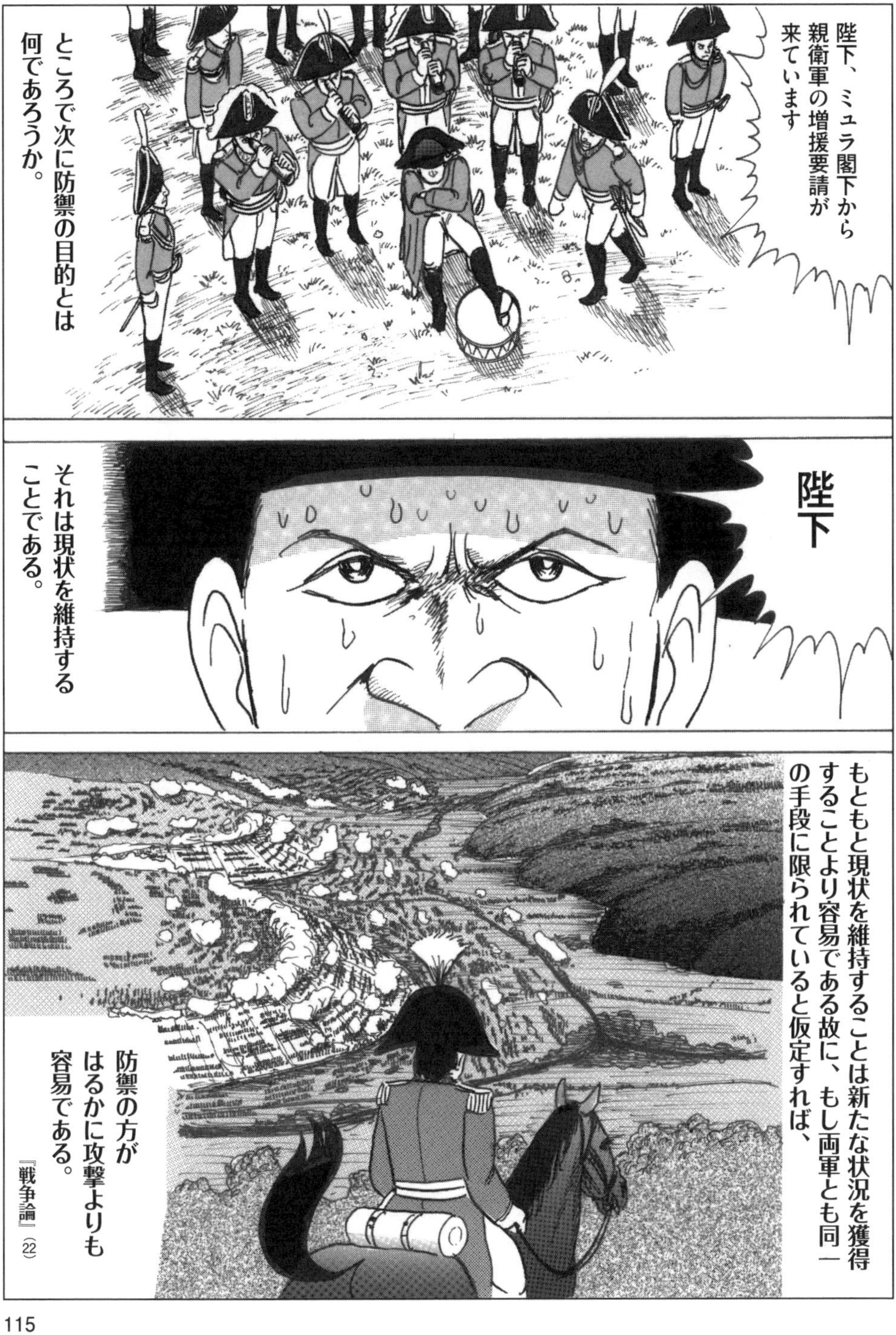
陛下、ミュラ閣下から親衛軍の増援要請が来ています
ところで次に防禦の目的とは何であろうか。
陛下
それは現状を維持することである。
もともと現状を維持することは新たな状況を獲得することより容易である故に、もし両軍とも同一の手段に限られていると仮定すれば、
防禦の方がはるかに攻撃よりも容易である。
『戦争論』(22)

ロシア軍がフランス軍を
相手に互角の戦いを
している
これがロシアの防御陣地
これがロシアの戦い方か
それにしても
ものすごい闘争心だ
この戦いは
我々にとって
祖国防衛の聖戦
ですからね
ロストフ
中尉
陛下は自らモスクワへ
出向き武装可能な
すべてのロシア市民の
支援を求めました[23]
市民？
民兵です
彼らもここで
戦っているんですよ
全ロシアが戦っているんです

あっそうそう
第1騎兵軍団長が
中佐をお呼びです
まいりましょう
わかった中尉
すまんが
また通訳たのむ
よ
ミュラの増援
要請は却下する
ロシア軍はまた
モスクワまで
さがるかもしれん
親衛軍は
その時の決戦に
備えるのだ
ワァァァ

バグラチオン閣下!!
わたしにかまうな
突撃を続行しろ
はっ
クトゥーゾフ総司令官
ロシア軍陣地
フランス軍の砲火が衰えてきています
戦闘継続を要請する指揮官が多数おりますが…
いや撤退する
モスクワですか?
いや それより東だ

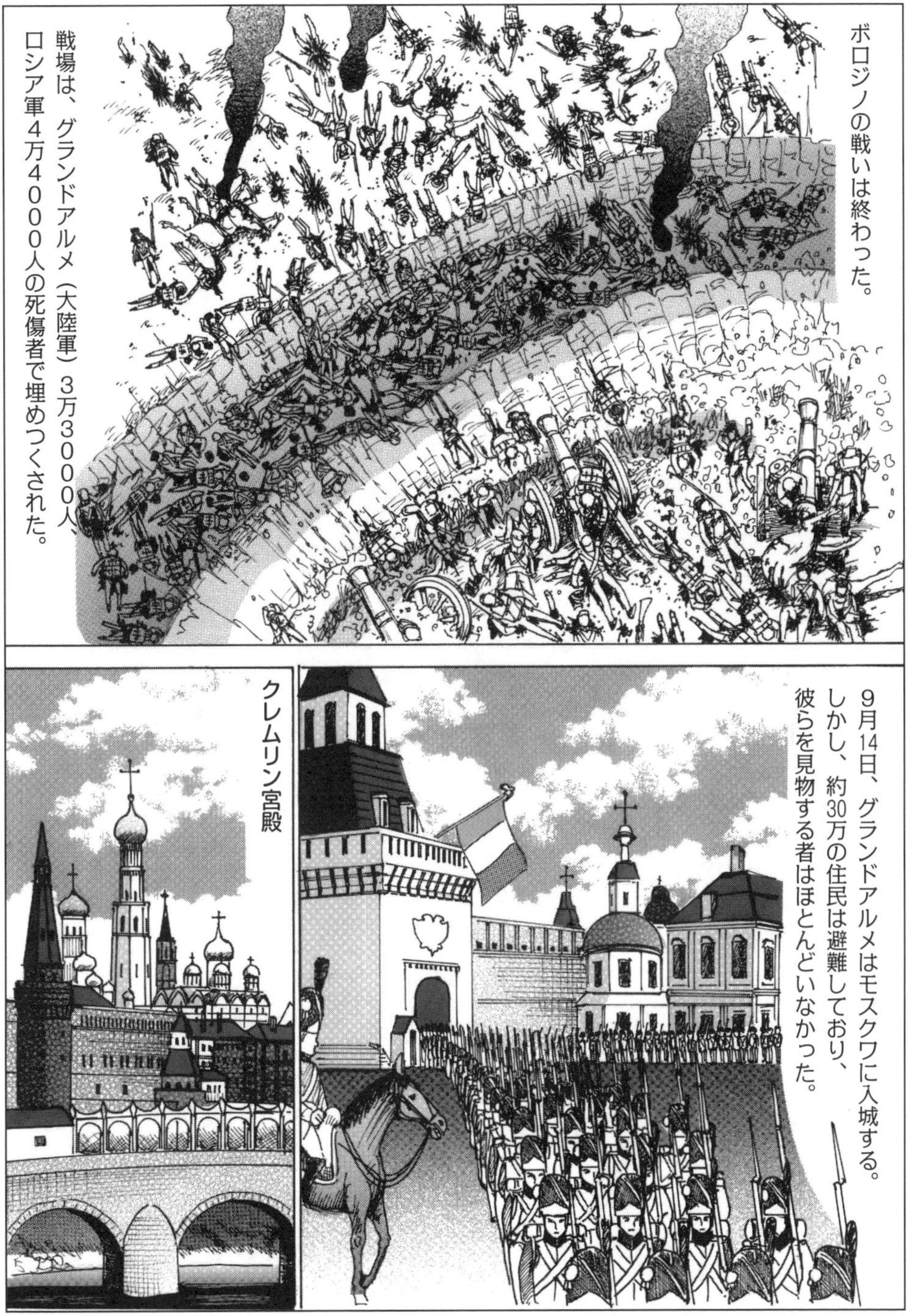
ボロジノの戦いは終わった。
戦場は、グランドアルメ（大陸軍）3万3000人、ロシア軍4万4000人の死傷者で埋めつくされた。
9月14日、グランドアルメはモスクワに入城する。
しかし、約30万の住民は避難しており、
彼らを見物する者はほとんどいなかった。
クレムリン宮殿

モスクワ炎上

ロストフ中尉
これも君たち
ロシア人の
やり方なのか
……
これでナポレオンも
ロシアから出て行かざるを
得ないでしょう
フランス軍はもはや
軍隊の規律を
維持しているものは
少なかった。
人々はできるだけ
の物を身につけ
残りは車に積み
こんだ。
輜重輸送車、
酒保商人の車、
「兵士たちの女」
の馬車、ロシア
農民から手に入れた
荷馬車、士官や夫人、
愛人たちの馬車…(24)

ガラガラ
ガラ
ぐっ
コサックだ！
ぐわ

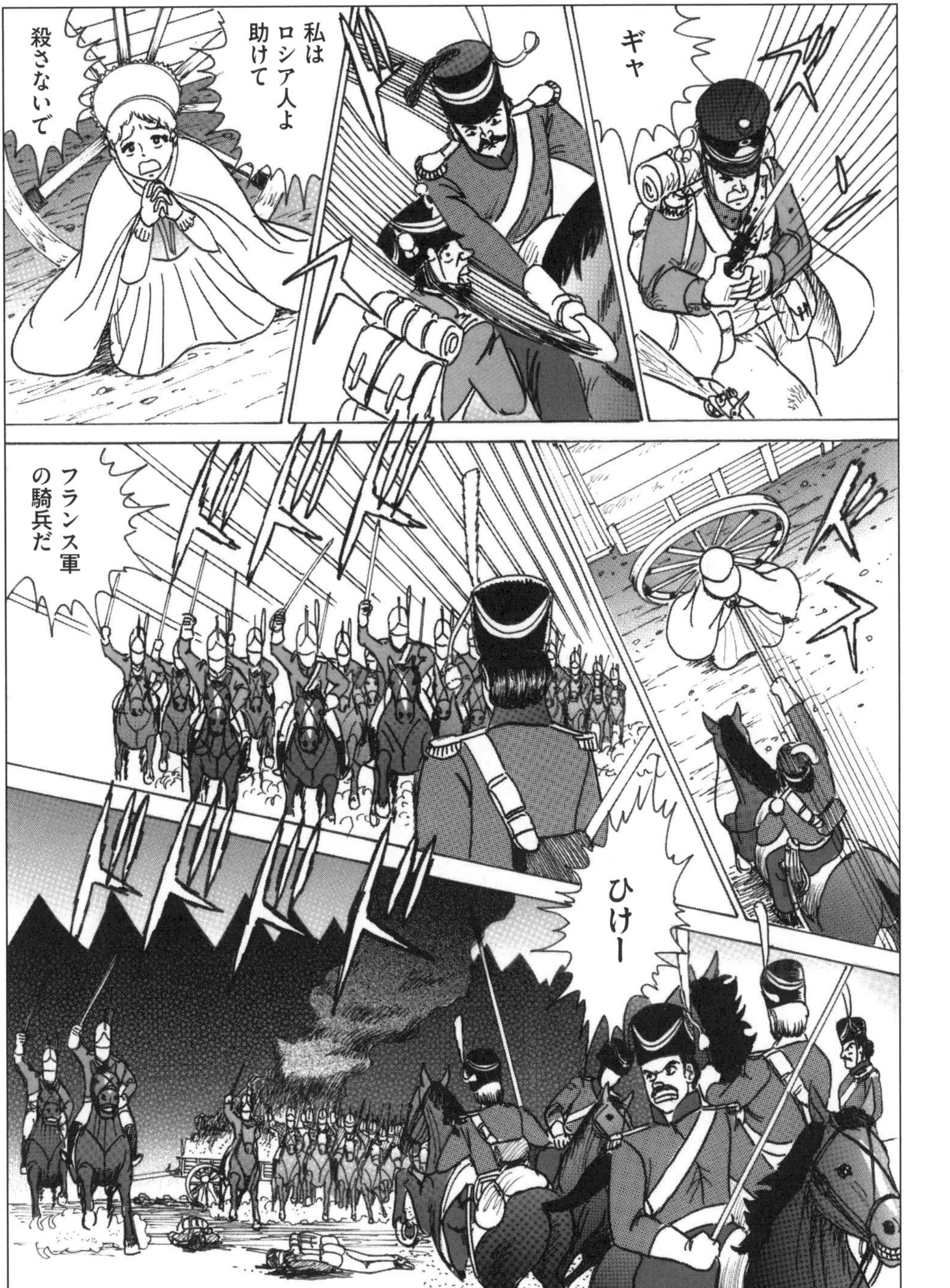
ギャ
私は
ロシア人よ
助けて
殺さないで
フランス軍
の騎兵だ
ひけー

雪だ

ゴオオオオオオ
ドサ
肉だ
ガッ
ガッ
ガッ
ガッ

これが
かつて世界最強を
誇ったフランス軍の姿か
あの60万ともいわれた
グランドアルメは
どこへ行ったんだ
クラウゼヴィッツ中佐
この先は
ベレジナ川です
そこで我々は彼らを
一網打尽にする
でしょう

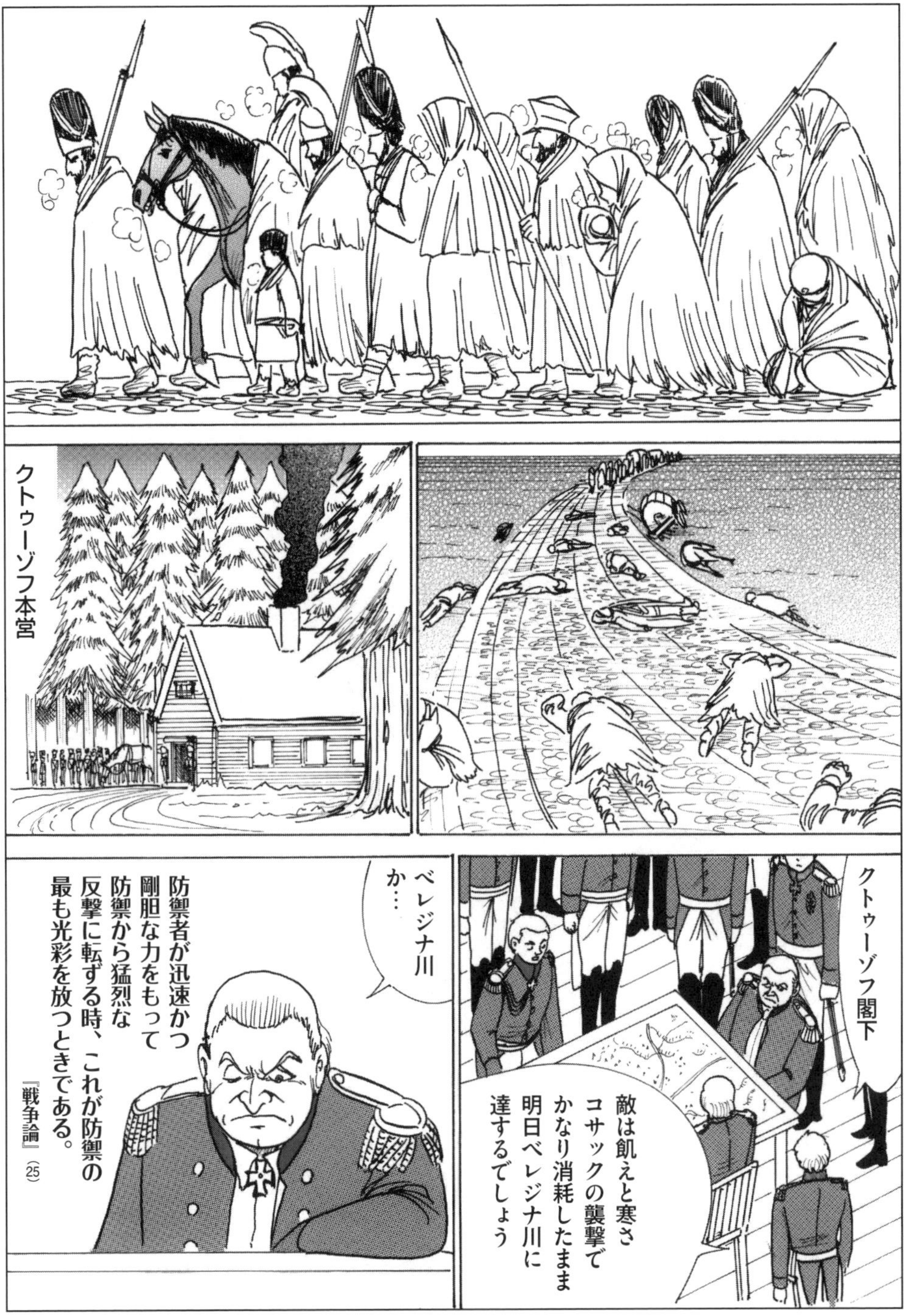
クトゥーゾフ本営
クトゥーゾフ閣下
敵は飢えと寒さ
コサックの襲撃で
かなり消耗したまま
明日ベレジナ川に
達するでしょう
ベレジナ川か…
防御者が迅速かつ剛胆な力をもって防御から猛烈な反撃に転ずる時、これが防御の最も光彩を放つときである。
『戦争論』(25)

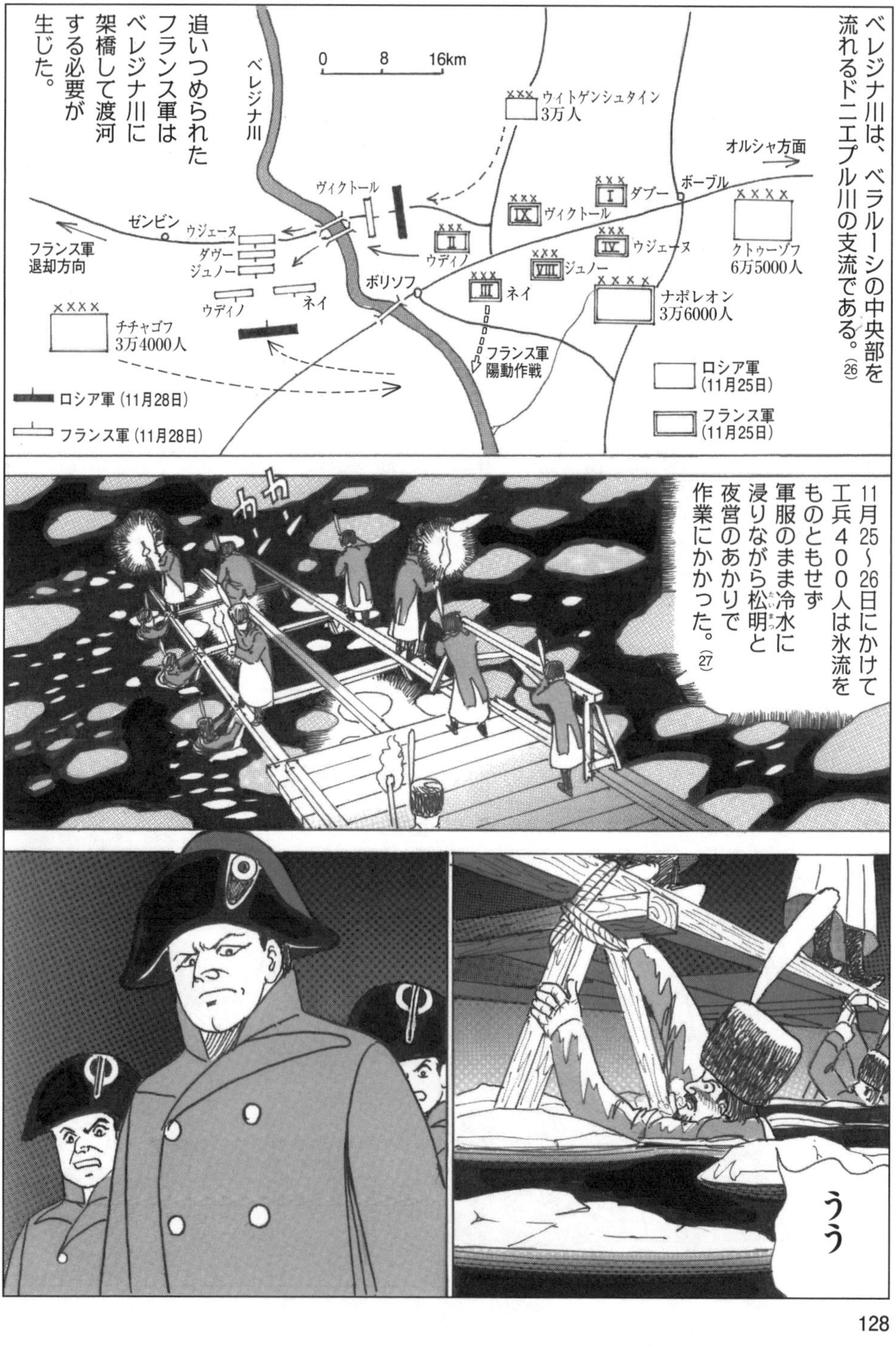
ベレジナ川は、ベラルーシの中央部を流れるドニエプル川の支流である。(26)
追いつめられたフランス軍はベレジナ川に架橋して渡河する必要が生じた。
ベレジナ川
0 8 16km
ウィトゲンシュタイン 3万人
オルシャ方面
ボーブル
ダブー
ヴィクトール
ウジェーヌ
ジュノー
ネイ
ウディノ
クトゥーゾフ 6万5000人
ナポレオン 3万6000人
ボリソフ
フランス軍 陽動作戦
ヴィクトール
ゼンビン
ウジェーヌ
ダヴー
ジュノー
ウディノ
ネイ
フランス軍 退却方向
チチャゴフ 3万4000人
ロシア軍 (11月25日)
フランス軍 (11月25日)
ロシア軍 (11月28日)
フランス軍 (11月28日)
11月25～26日にかけて工兵400人は氷流をものともせず軍服のまま冷水に浸りながら松明《たいまつ》と夜営のあかりで作業にかかった。(27)
カカーン
うう

副官
工兵たちに
ブランデーを与えろ
はっ

「26日の午後3時（一説では午後1時）第一架橋ができ上がった」
「車両用の第二架橋も午後4時半には完成する」
（両角良彦著『1812年の雪』）㉘

「橋板は低いところで水面すれすれ、高いところでも水面上50〜60センチにすぎず、川底に泥のかたまりが不規則に分布していたため全体はうねうねと波打っていた」
（両角良彦著『1812年の雪』）㉙
ガラ
ガラ
ガラ
ガラ

ロシア軍だ!
急げ!
押すな バカ
ギャアー
キャア
わ ああ
わー
助けて くれー

ワァァァ
バキ
ワァァァ
キャァァ
ドボ
バキ
フランス軍は混乱しているぞ
突撃!!
ネイ閣下
チチャゴフ軍が突撃してきます

フランス軍の意地を見せろ!!
撃て!
突撃ー

ひけー
フランス万歳!!

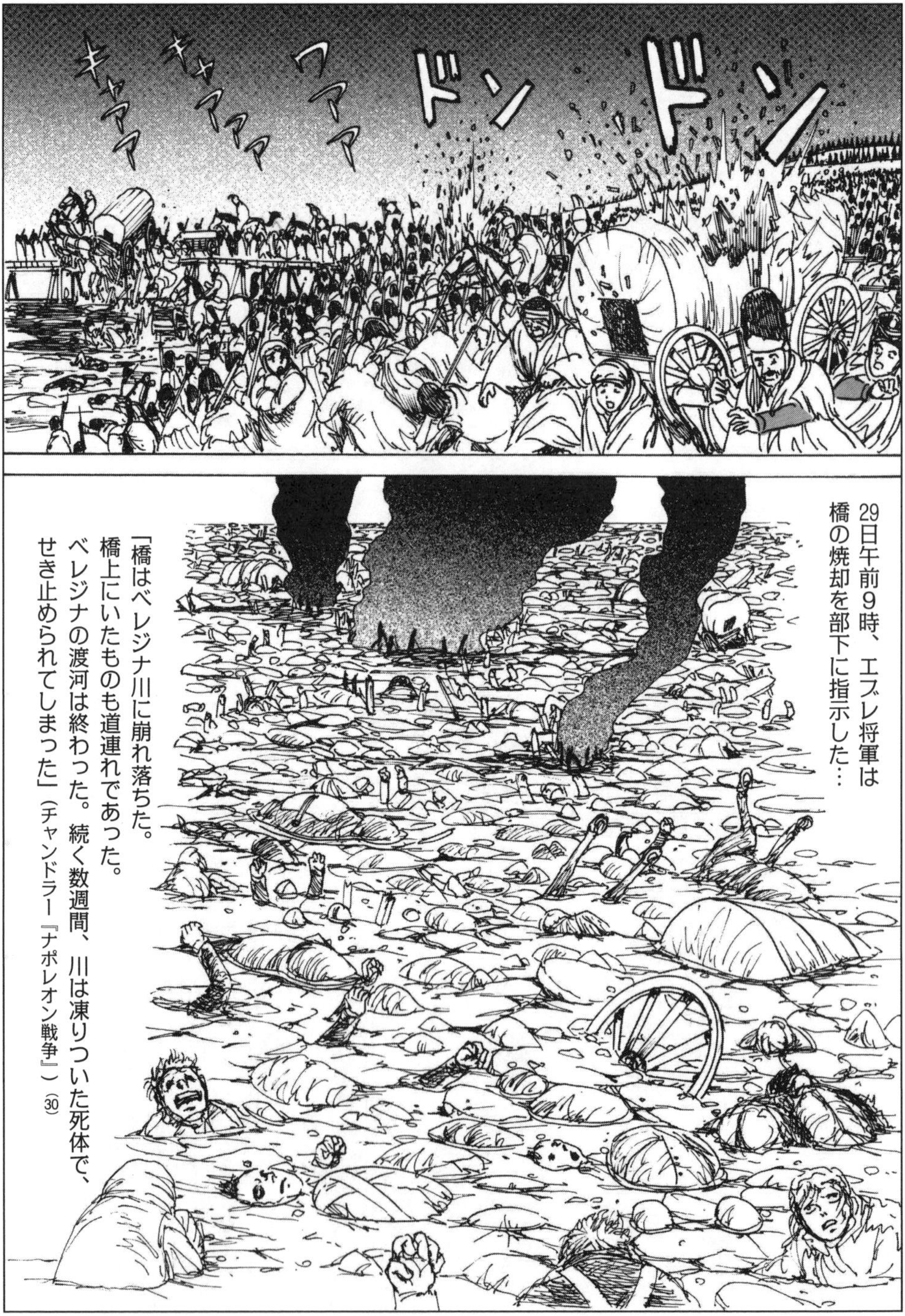
ドン
ドン
ワァァァ
キャァァァ
キャァァァ
29日午前9時、エブレ将軍は
橋の焼却を部下に指示した…
「橋はベレジナ川に崩れ落ちた。
橋上にいたものも道連れであった。
ベレジナの渡河は終わった。続く数週間、川は凍りついた死体で、
せき止められてしまった」（チャンドラー『ナポレオン戦争』）㉚

1812年12月下旬
コルティニアニイ村（現リトアニア）
この時クラウゼヴィッツはヴィトゲンシュタインの参謀になっていた。(31)
ブロックハウゼン少佐 プロイセン義勇軍の兵士たちはどんな様子だ？
クラウゼヴィッツ中佐
意気軒昂といったところですね
ただここから先はプロイセンです
フランスと同盟をむすんでいる同胞たちと戦うかと思うとみな気が重いですよ
そうだな 私も兄二人がプロイセン軍にいるんだ
そうなんですか…

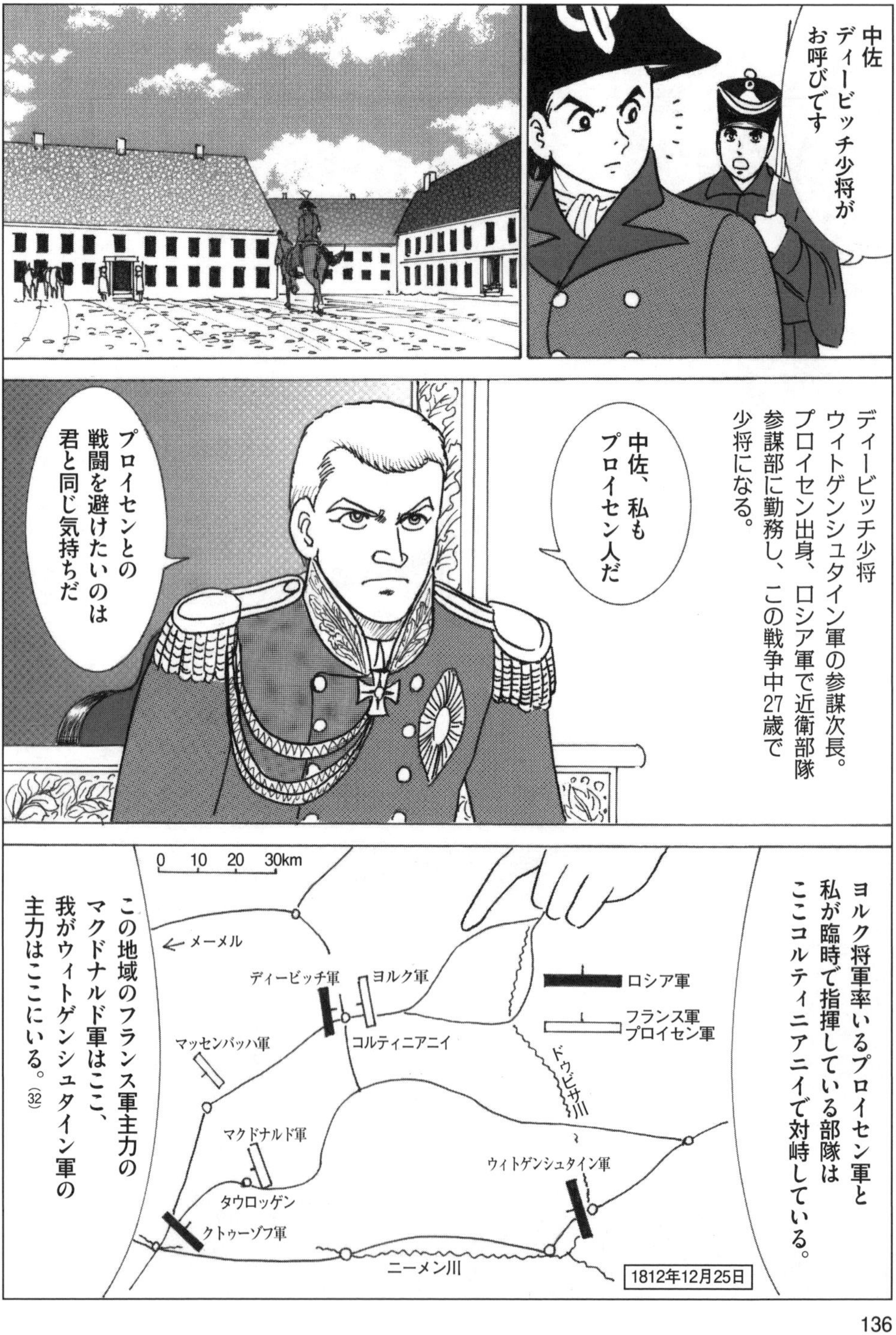
中佐
ディービッチ少将が
お呼びです
ディービッチ少将
ウィトゲンシュタイン軍の参謀次長。
プロイセン出身、ロシア軍で近衛部隊
参謀部に勤務し、この戦争中27歳で
少将になる。
中佐、私も
プロイセン人だ
プロイセンとの
戦闘を避けたいのは
君と同じ気持ちだ
ヨルク将軍率いるプロイセン軍と
私が臨時で指揮している部隊は
ここコルティニアニイで対峙している。
0 10 20 30km
← メーメル
ディービッチ軍
ヨルク軍
ロシア軍
フランス軍
プロイセン軍
コルティニアニイ
マッセンバッハ軍
ドゥビサ川
マクドナルド軍
ウィトゲンシュタイン軍
タウロッゲン
クトゥーゾフ軍
ニーメン川
1812年12月25日
この地域のフランス軍主力の
マクドナルド軍はここ、
我がウィトゲンシュタイン軍の
主力はここにいる。(32)

わが軍はヨルク軍とマクドナルド軍の間に楔を打ったかたちだ
ヨルク将軍はマクドナルド軍と合流しようとしている
実は、私はヨルク将軍と密かに会ったのだ
えっ
ロシア軍はフランス軍の殲滅を考えているが、ロシア皇帝陛下からの指令でプロイセン軍は敵としないこととしている
さらに皇帝陛下は友好条約の締結を望んでいることをヨルク将軍に伝えた
……
私は今やロシア人だ
ヨルク将軍はこれからの交渉には信頼できるプロイセン士官を望んでいる
やってくれるかクラウゼヴィッツ中佐
はい
よろこんで

1812年12月29日
タウロッゲン
クラウゼヴィッツ中佐だ
ヨルク将軍に用件があって来た
閣下は中でお待ちです
どうぞ
ヨルク将軍㉝
クラウゼヴィッツ

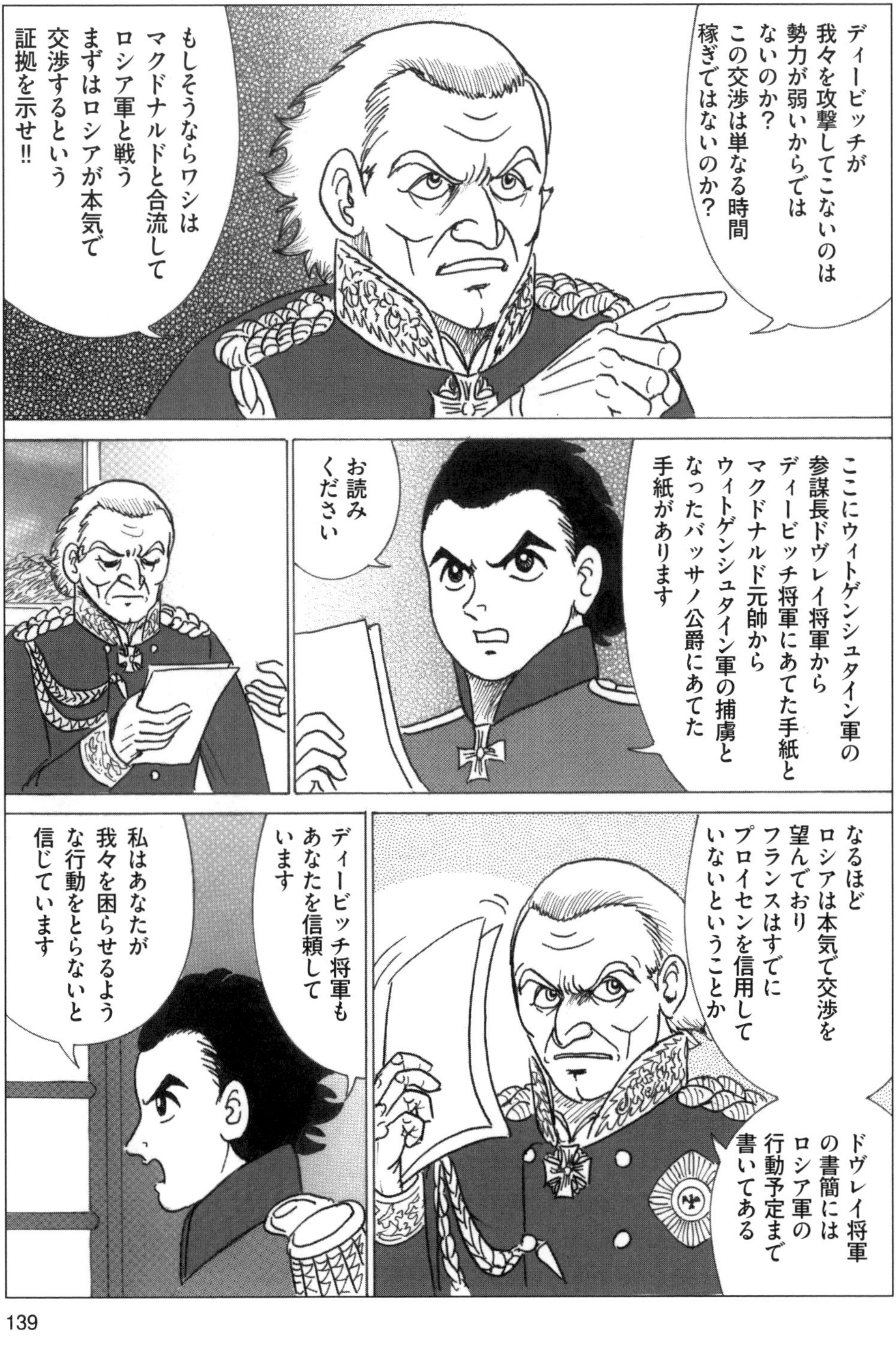
ディービッチが我々を攻撃してこないのは勢力が弱いからではないのか?この交渉は単なる時間稼ぎではないのか?
もしそうならワシはマクドナルドと合流してロシア軍と戦うまずはロシアが本気で交渉するという証拠を示せ!!
ここにウィトゲンシュタイン軍の参謀長ドヴレイ将軍からディービッチ将軍にあてた手紙とマクドナルド元帥からウィトゲンシュタイン軍の捕虜となったバッサノ公爵にあてた手紙があります
お読みください
なるほどロシアは本気で交渉を望んでおりフランスはすでにプロイセンを信用していないということか
ドヴレイ将軍の書簡にはロシア軍の行動予定まで書いてある
ディービッチ将軍もあなたを信頼しています
私はあなたが我々を困らせるような行動をとらないと信じています

レーデル参謀長！
はっ
これを読んでみろ
これは…
クラウゼヴィッツよ貴官はプロイセン軍人だこの書簡に書いてあることは真実だと誓えるか？
私はドブレイ将軍とウィトゲンシュタインの本営の人々を知る限りその書簡は本物であり誠実に書かれていることを保証します

わかった
ディービッチ将軍に伝えたまえ
我々は朝早くポッツェルンの
水車小屋で会談しよう
ワシはいま
フランス軍と彼らの桎梏《しっこく》
から別れを告げることを
固く決心した
1812年12月31日、ヨルク将軍はタウロッゲンにおいて
プロイセン国王や政府の頭越しにフランスとの共闘から離
脱する協定をロシア軍のディービッチ将軍と交わした。

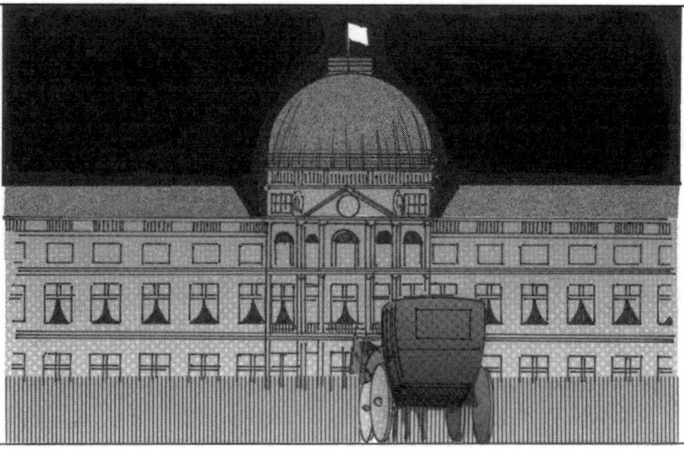

「一方ナポレオンは、グランドアルメの指揮をミュラに委ね、12月18日夕刻
単身密かにパリに戻った。

午後11時45分
我が目を疑った門衛を尻目に一目散に
チュイルリー宮殿に駆けこんだ」
（両角良彦著『１８１２年の雪』）(34)

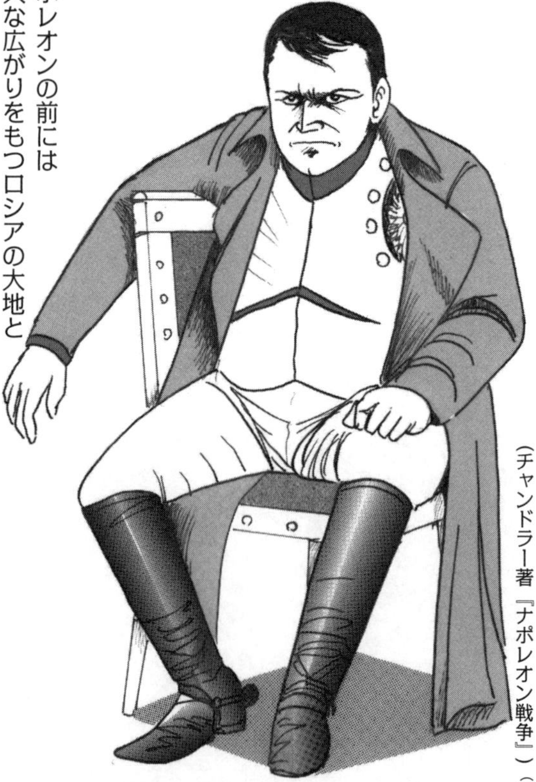

「１８１２年の夏を通じて少なくとも65万５０００人の部隊（第二線の兵力と
増援軍を含む）がヴィスチュラ川を渡ったが、この巨大な軍勢は１８１３年の
年明けまでにわずか9万３０００人に減少した。概算するとナポレオンは
57万人の兵士を失ったことになる。これらのうち、おそらく37万人は戦死、
あるいは病死か凍死であった。残る20万人（将軍48人とその他将校３０００人
を含む）はロシア軍の捕虜となり少なくとも半数はその後死亡した」
（チャンドラー著『ナポレオン戦争』）(35)

ナポレオンの前には
厖大な広がりをもつロシアの大地と
互いに遠く離れた二つの首都が存在しているという
不利益が横たわっていた。
さらに、ロシア政権の軟弱化と、その政権とロシア国全体との間で
確実と思われていた分裂を期待したが、
どちらも欺かれていたと思い知る結果となった。(36)

第三章　軍事的天才

およそ異常な事業というものは、それがかなりの熟練度をもって遂行されるためには、それ相当の非凡な理性と情意との素質を必要とするものである。この素質がひときわ目立ち、異常な業績をなし遂げたとき、このような素質を持ち合せている人を天才と名づける。

われわれは、この天才という語がもっている範囲や方向性が極めて多種多様であり、これらの多様性のなかで天才の本質を究明することは極めて困難な課題であることを十分に知っている。しかしわれわれは別に哲学者でも文法学者でもないのであるから、普通の用例の通り、天才をもって、ある事業をなし遂げるために発揮される極めて高度な精神力という意味に理解しておいてもよいだろう。

ところでこのような天才が必要である所以を証明し、その概念の内容を一層詳しく特徴づけるために、しばらくの間天才の能力と価値とについて論究してみようと思う。とはいえ、非常に高度な才能をもっている人物、つまり狭義の天才についてここで論ずるつもりはない。なぜなら、この概念には明確な限界などありはしないからである。われわれは、ひたすら軍事行動に向けられた精神力の複合的傾向性を考察し、この傾向性をこそ軍事的天才の本質と考えてみようと思う。いま複合的という表現を使ったが、これは軍事的天才とは決して単一なる軍事行動上の力、例えば勇気などのことを指しているのではなく、それに加えるに理性とか情意とかの力がなくてはならず、またそれらが戦争とはまったく別の方向に向いているのでもない、要するに種々の力が調和的に複合していなくてはならないということにほかならない。この複合的傾向性においては、もちろんそのなかの一、二が有力である場合もあるだろうが、しかし相互に決して他を排除し合うようなものであってはならないのである。

ところで戦争に参加するには、その一人一人が多かれ少なかれ軍事的天才をもたねばならぬというのであれば、われわれの軍隊は極めて弱体なものであると言わねばならないだろう。というのは軍事的天才とは精神力の特定の傾向性のことであったが、いま一国民の精神力が多方面に分岐していればとてもそのようなところで軍事的天才が生まれるわけがないからである。これに反して一国民の活動が一様で、また軍事行動のみがもっぱら行なわれているようなところでは、軍事的天分が広く国民のなかに浸透しているにちがいない。しかしこれはあくまでも天分が広く浸透しているというだけのことであって、決して高度の天才が生まれるということを意味しはしない。というのは高度の天才とは一国民の一般的精神的教養の程度に深く依存しているからである。試みに文化程度の低い好戦的国民を考えてみるに、軍事的精神が個々人の間に浸透している度合ははるかに文明国民よりも広く深いものがある。前者にあってほとんど一人一人の戦士が軍事的精神を所有しているのに反して、後者にあっては国民全体がやむを得ない必要に迫られて参戦するのであって、個々人の内的衝動によって参戦するのではない。しかしこのような事情にあってもなおかつ、文化程度の低い国民においては、真の偉大な司令官や軍事的天才と呼ばれる人物は見出し得ない。つまりそのためには理性の力の発展が必要であるのに、未開国民にはこれが欠けているからである。一方、文明国民もまた多かれ少なかれ軍事的傾向を持ち得ることはもちろんである。文明国民にしてこの傾向が強くなるとき、その軍隊における軍事的精神は深く個々人のなかに浸透するものであるし、またこのような軍隊がさらに一段と高い軍事的精神に支えられるや、このような軍隊をもった国民にして初めてあのローマ人やフランス人のなし遂げたごとき輝かしき軍事的偉業を打ち樹てることができるのである。（中略）

最後にわれわれは、高次の精神的能力についてこれ以上の分析を試みることなく、ただ通俗的に用いられている区別に従って、いかなる種類の理性が軍事的天才にとって最も役立つかを見ようと思う。理論と経験とに照して、われわれは次のように言うことができるだろう。すなわち、戦争にあたってわれわれが自分の子弟の生命、祖国の名誉と安全とを託し得るような人物は、創造的頭脳の持主というよりはむしろ反省的頭脳の持主であり、一途にあるものを追い求めるよりは総括的にものを把握する人物であり、熱血漢というよりは冷静な理性の持主である、と。（『戦争論（上）』〔中公文庫〕92～95、124頁、第一部第三章より）

第3部　戦略と戦争計画

第3部 主な登場人物

シャルンホルスト少将
プロイセン軍参謀総長

ブリュッヒャー元帥
プロイセン軍総司令官

クラウゼヴィッツ大佐
プロイセン軍

ネイ元帥
フランス軍

グナイゼナウ大佐
プロイセン軍参謀

マリー
クラウゼヴィッツの妻

タレイラン
フランス外相

グルーシー元帥
フランス軍

ナポレオン

チュイルリー宮殿
1812年12月
諸君、ロシアが攻めてくる
参謀総長兵を集めるのだ
はい
その数はどれほどですか？
65万6千人
!!
参謀総長ベルティエ（1）
……

タウロッゲン
1812年12月
クラウゼヴィッツ中佐
君のおかげで
ヨルク将軍との会談は
うまくいった
今はヨルク軍との
停戦合意だけだが
今後はプロイセンが
ロシアと条約を結び
遅かれ早かれ共同して
フランスと戦うこと
になるだろう
ディービッチ将軍
私はプロイセンで
やるべきことがあります
今からすぐに
ケーニヒスベルク
へ行き
プロイセン軍に
合流したいと
思いますが
行きたまえ
ウィトゲン
シュタイン将軍には
私から話しておく
健闘を祈る

1813年2月 パリ チュイルリー宮殿
陛下 交渉の余地があるあいだは断じて交渉を続けなさい ②
ロシアもフランスも疲弊しきっている今がチャンスです
軍の増強も大事ですが外交も大切ですよ
タレイラン
また外相に復帰せんか?
陛下 大変です
ベルティエ!
我が第10軍を支援するプロイセン軍が反旗を翻し中立を宣言しました
プロイセンが敵になるのも時間の問題ですな… 陛下

1813年2月6日
ケーニヒスベルク
東プロイセン金融総管理部
我々はフランスからの支配を脱し誇り高い真の独立国家プロイセンをつくる!!
そして広く国民から兵を集め新しい軍隊をつくるのだ③
ワー
プロイセン
ワー
プロイセン
ワー

会議室
すばらしい布告文だったよ クラウゼヴィッツ中佐
フライヘル・フォム・シュタイン(4)
新しい軍隊をつくるには兵士を集めるだけではだめです装備、馬、資金、組織などが必要です
兵は10万人集まるだろう装備、馬、資金、組織も東プロイセンの中に十分ある
ヨルク将軍
しかし問題は人材の育成だ新しい将校、下士官、兵に対してナポレオンの軍隊と戦うための教育訓練が必要だ
軍隊の中核は将校ですまず私が将校教育をしましょう
ケーニヒスベルクの駐屯地に臨時の士官学校を開校しますまず義勇軍の将校からはじめましょう

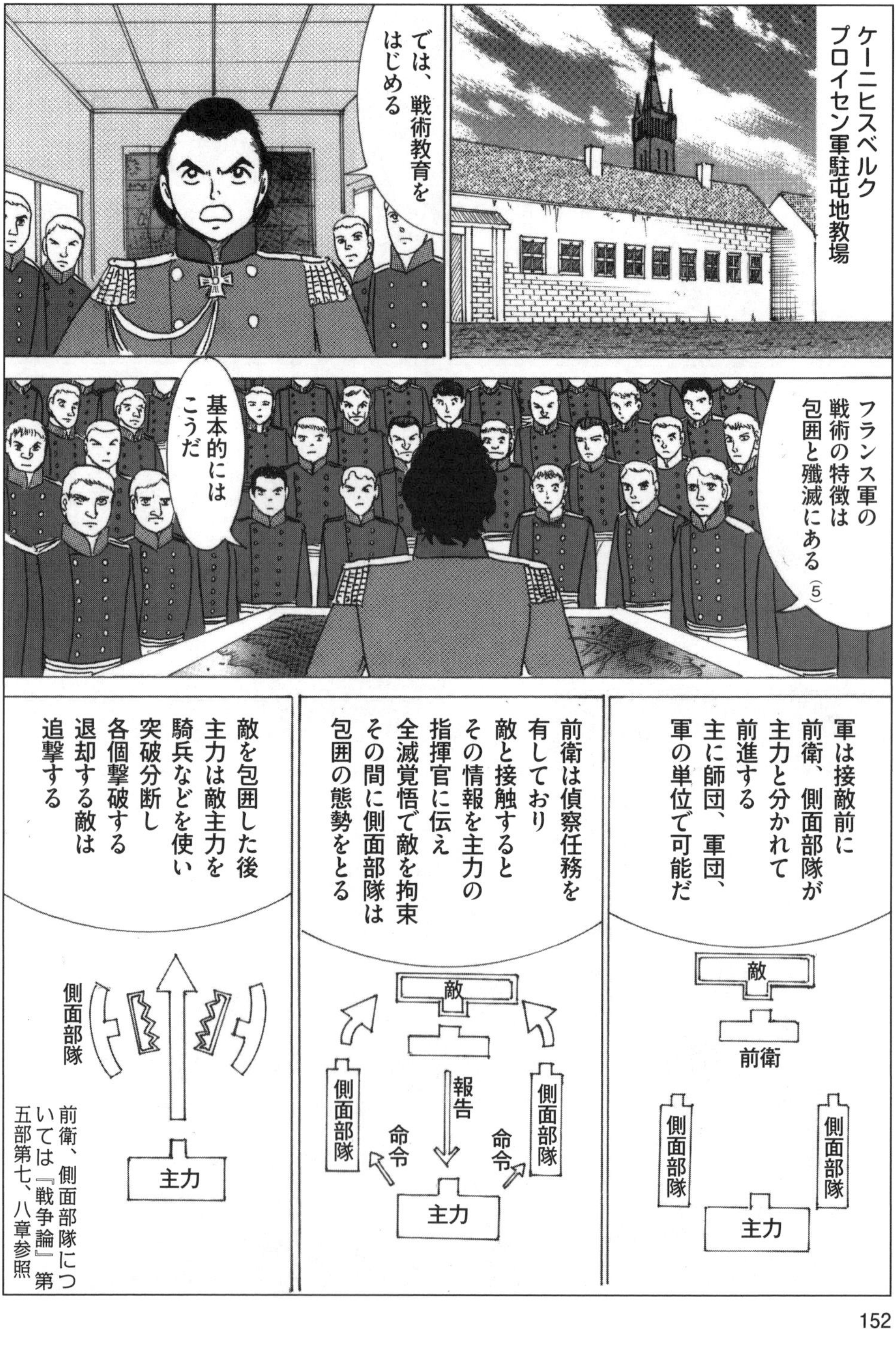
ケーニヒスベルク
プロイセン軍駐屯地教場
では、戦術教育をはじめる
フランス軍の戦術の特徴は包囲と殲滅にある⑤
基本的にはこうだ
軍は接敵前に前衛、側面部隊が主力と分かれて前進する主に師団、軍団、軍の単位で可能だ
敵
前衛
側面部隊
側面部隊
主力
前衛は偵察任務を有しており敵と接触するとその情報を主力の指揮官に伝え全滅覚悟で敵を拘束その間に側面部隊は包囲の態勢をとる
敵
側面部隊
報告
側面部隊
命令
命令
主力
敵を包囲した後主力は敵主力を騎兵などを使い突破分断し各個撃破する退却する敵は追撃する
側面部隊
主力
前衛、側面部隊については『戦争論』第五部第七、八章参照

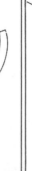

そのためには柔軟な部隊運用と機動力の高さが要求されますね中佐
指揮官にはリーダーシップのほかに高い情報分析能力と状況判断能力が必要だな
そのとおりだ諸君
今までの傭兵中心の軍隊から国民皆兵へ改革することによってフランス陸軍はそのような強力な軍隊をつくることができた我々も義勇軍を中心に同じように生まれ変わるのだ
指揮官はムチで兵士に意思を強要するのではなく
愛国心に訴えるのだ
国土や家族を守るために戦えと
国民の武装化については『戦争論』第六部第二六章「民衆の武装」参照
新しい軍隊か…
部隊の教育訓練が大変だな
フランスだってできたんだ 我々にできないことはない
まず教範をしっかり読み込まないとな
よし では次は地形の効果について述べる…
中佐 教育中ではありますがベルリンから至急の知らせが来ています

陛下はロシアと同盟を組み
フランスと戦う決心をなされた
君は参謀本部で勤務してもらう
直ちにベルリンへ戻って
くるように
プロイセン陸軍参謀総長
ゲルハルト・ヨハン・ダーヴィト・フォン・シャルンホルスト
1813年3月下旬 ベルリン
ついに目覚めたか
陸軍官舎
コン
カール
ただいま

お疲れ様
ロシア大変だったでしょ
もうしばらくは
ベルリン勤務ですの?
マリー
私は参謀本部で勤務する
ことになったが
戦争はまだ続いている
しばらく留守にしそうだ
カール
今はプロイセンの危急存亡
のときなんだ
もう少しがまんしてくれ
戦争が終わったら
旅行にでも行こう
……
私、あなたの身体が
心配なのよ
ずっと戦場だったんでしょ
無理を
なさらないでね
パリ チュイルリー宮殿
プロイセンが
我が国に
宣戦布告だと

あのへたれ（フリードリッヒ・ヴィルヘルム3世）が!! ロシアにそそのかされて裏切りおったか!!
参謀総長 これから余の作戦構想を述べる 直ちに作戦計画を作成しろ!!
プロイセン参謀本部作戦会議
作戦は参謀が立案し指揮官は決心する。責任の分担が明確となった。
参謀本部はシャルンホルストの構想で組織が整備され各軍団、師団にも参謀長が配置された。(6)
マイン川のフランス軍第3、第4、第6、第7軍団および親衛隊約20万の敵は4月初め以降、行動可能と見積もられます
我が方はエルベ川、ザーレ川付近に約11万の戦力を有しているにすぎませんが、騎兵については我らが有利です

それでは今から参謀本部の作戦構想案について報告します
クラウゼヴィッツ中佐
はっ
ガタ

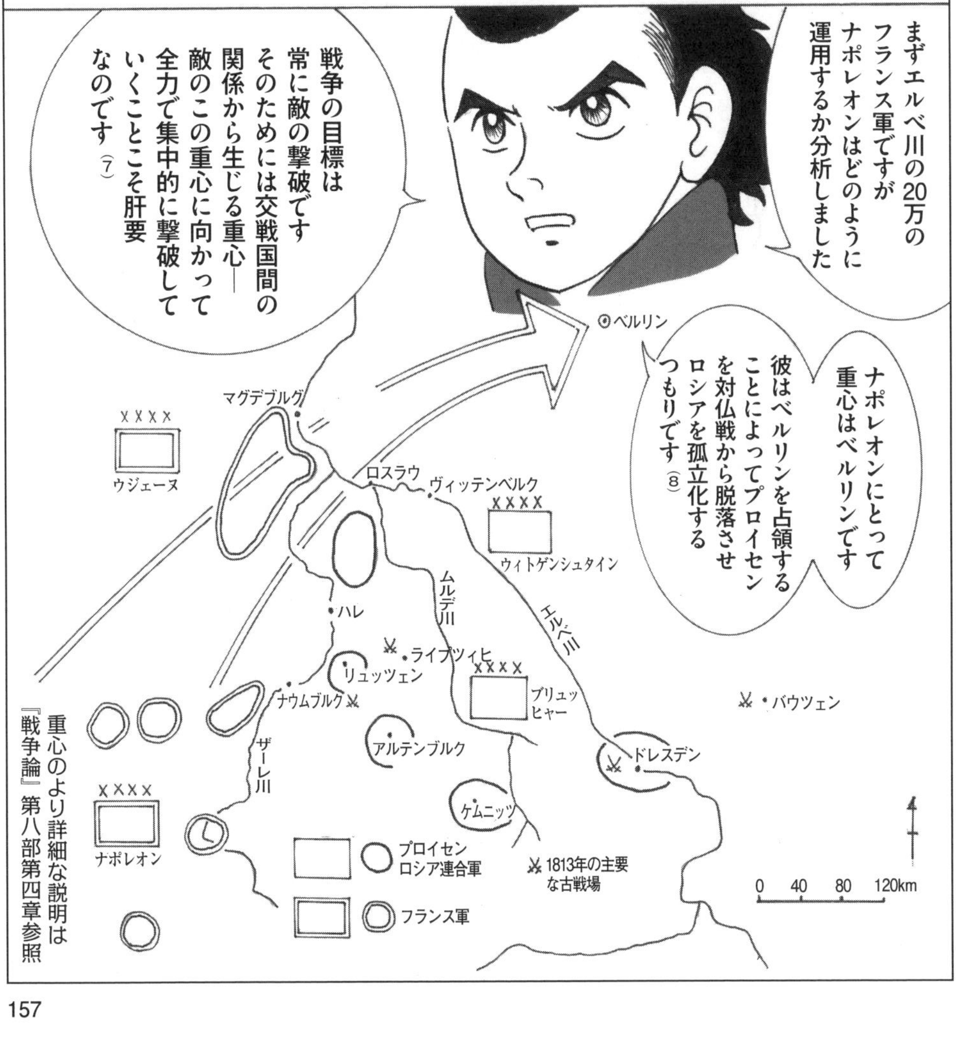
まずエルベ川の20万のフランス軍ですがナポレオンはどのように運用するか分析しました
戦争の目標は常に敵の撃破です そのためには交戦国間の関係から生じる重心― 敵のこの重心に向かって全力で集中的に撃破していくことこそ肝要なのです⑦
ナポレオンにとって重心はベルリンです
彼はベルリンを占領することによってプロイセンを対仏戦から脱落させロシアを孤立化するつもりです⑧
ベルリン
マグデブルグ
ウジェーヌ
ロスラウ
ヴィッテンベルク
ウィトゲンシュタイン
ムルデ川
エルベ川
ハレ
ライプツィヒ
リュッツェン
ナウムブルク
ブリュッヒャー
バウツェン
アルテンブルク
ドレスデン
ザーレ川
ナポレオン
ケムニッツ
プロイセン ロシア連合軍
フランス軍
1813年の主要な古戦場
0 40 80 120km
重心のより詳細な説明は『戦争論』第八部第四章参照

我々にとっての重心はフランス軍そのものですベルリンへ前進するフランス軍を撃破することによってこの戦争の目的は達成できます
戦争の目的？
合理的に戦争を始めるにあたっては戦争によって何を達成し戦争のうちで何を獲得するつもりなのかがはっきりしていなければなりません
前者が目的と呼ばれ後者が目標と呼ばれます⑨今の目的はプロイセンの独立の確保でありその目標はプロイセンへ侵攻するフランス軍の撃破です
さらにこれは敵を完全に打倒する絶対的戦争の性格を持っていることを銘記しておく必要があります
絶対的戦争と現実の戦争の詳細については『戦争論』第八部第二章参照
つまり二度とプロイセンに侵攻できなくなるように敵を殲滅しなければいけません
そのためには包囲または迂回による捕捉撃滅が必要です
結論を言えクラウゼヴィッツ

我々はロシア軍が主張するエルベ川の線での戦力集中を待つのではなく
ただちにザーレ川方向に前進して、フランス軍を南方から包囲しライプツィヒ東方で殲滅すべきと考えます
ブリュッヒャー
シャルンホルスト
クラウゼヴィッツ
グナイゼナウ
たしかに戦力はフランス軍が上ですが騎兵の多い我がほうが機動力、偵察力にすぐれています
さらに向こうは新兵が多い
奇襲をかければ勝てます

今度こそ
ナポレオンを
潰す!!
参謀総長
ただちに
参謀本部案で
作戦計画をつくれ
はっ
解散
シャルンホルスト
ハッ

クラウゼヴィッツは教官向きだな
そうですね
将来の陸軍大学校校長候補にでも考えておきますか
ところでやつはいつまでロシア軍の制服を着ているんだ?
プロイセン軍に復帰したんじゃないのか?
宮殿のほうには何度か上申しているのですが陛下がなかなかお許しにならなくて
今はロシア軍の連絡将校として扱っています
?
そうか
ベルリン宮殿
叔父上

アウグスト 叔父上と言うのはやめろ 陛下だ
すみません 叔父上
ところでクラウゼヴィッツのことですがなぜプロイセン軍復帰をお認めにならないのですか?
彼ほど優秀で愛国心にあふれた人間はそういませんよ
やつは祖国を裏切りロシアに行ったのだ
ブリュッヒャーやシャルンホルストもオーストリアに亡命…
やつは亡命前に余の政策に反対する建白書まで書きおった
やれやれ、叔父上は本当は昔プロイセン王家に反抗したブリュール家⑩の娘マリーを嫁にしたクラウゼヴィッツを個人的にうらんでいるだけじゃないですか?
だまれ アウグスト
プレイボーイの貴様から説教されるいわれはないぞ
だ…誰がプレイボーイですと陛下

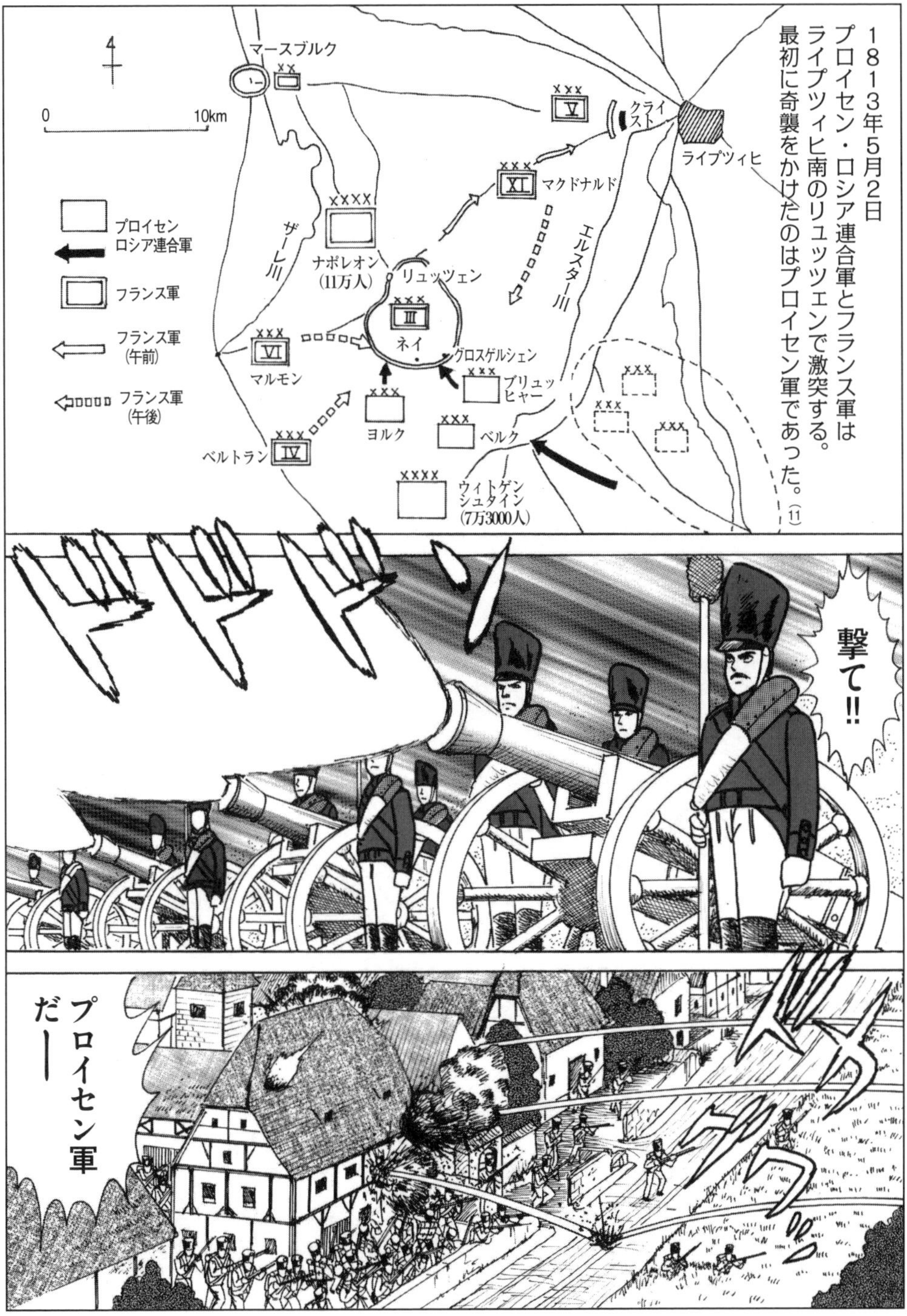
1813年5月2日
プロイセン・ロシア連合軍とフランス軍はライプツィヒ南のリュッツェンで激突する。
最初に奇襲をかけたのはプロイセン軍であった。(11)
マースブルク
0 10km
プロイセン
ロシア連合軍
フランス軍
フランス軍
(午前)
フランス軍
(午後)
ザーレ川
ナポレオン
(11万人)
リュッツェン
ネイ
グロスゲルシェン
マルモン
ベルトラン
ヨルク
ベルク
ブリュッヒャー
ウィトゲンシュタイン
(7万3000人)
マクドナルド
クライスト
ライプツィヒ
エルスター川
撃て!!
プロイセン軍だー

プロイセン軍突撃——
ドドドドドドド
ワァァァァァァ

うおおおおお
ぐあ
フランス野郎
くたばれ
ギャ
騎兵だ
挟撃された
こいつら今までのプロイセン軍と違うぞ!!

ネイ閣下ー
プロイセン軍が南から攻撃してきましたー
ぐあ
ギャアア
突撃ー

陛下ー
第3軍団がリュッツェン方向から攻撃を受けました
現在プロイセン軍とグロスゲルシェンで戦闘中
なんてことだ
フランス軍が…わが軍が…退却している

グイ
私が誰かわかるか
ヒ…
ま、まさか皇帝陛下……
兵士たちよ私はナポレオンだ
私についてこい私は無敵だ!!必ず勝つ!!
ナポレオンだ
皇帝だ
皇帝バンザイ!!
皇帝バンザイ!!

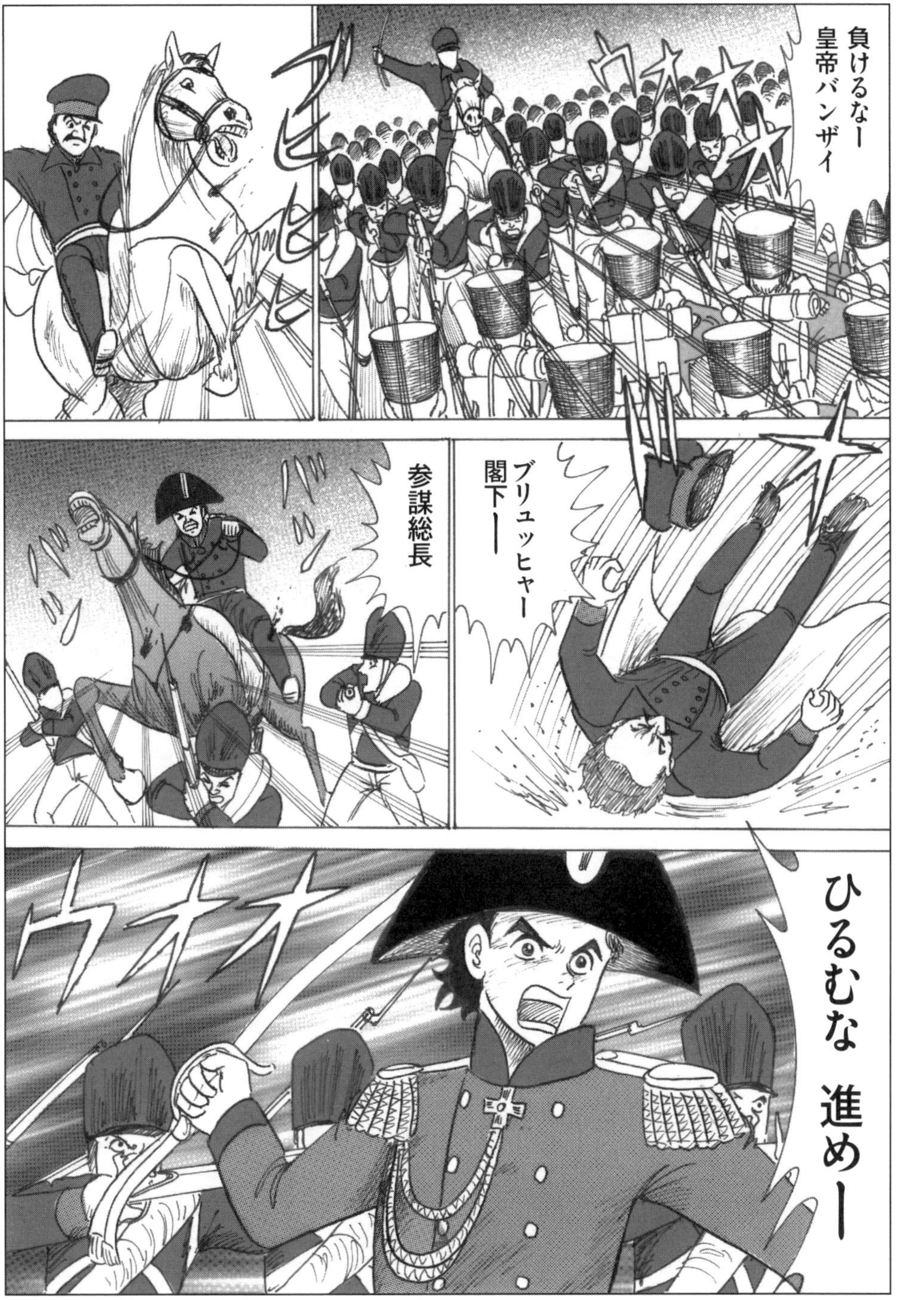
負けるなー
皇帝バンザイ
ウオオオ
ブヒヒヒ
ブリュッヒャー
閣下ー
参謀総長
ひるむな 進めー
ウオオオ

リュッツェンの戦いは
マクドナルドとマルモン、
ベルトランの増援により
フランス側の勝利に
終わった。
野獣どもは何かを
学んだはずだ
しかしフランス側は
2万人の死傷者と
数千以上の落伍兵を出し、
連合軍の死傷者
1万5千から2万人と
ほぼ互角だった。(12)

1813年10月　バウツェン
ブリュッヒャー
シャルンホルスト
クラウゼヴィッツ
グナイゼナウ
今回の戦は撤退はしたが負けてはおらんぞそうだろう参謀総長
たしかに精神面では勝っていました損害もほぼ互角といっていいでしょうまだこれからです
やはりナポレオンが出てくると手強いナポレオンから分離した敵部隊を優先して攻撃する必要があります
偵察能力、機動力はこちらが優勢だ敵が戦力を集中する前に攻撃すればチャンスはある

ナポレオンは
引き続き
ベルリンへの前進と
わが軍の殲滅を
狙って近いうちに
行動を起こす
でしょう
フム
ロシア軍の兵站部が
シュレージエンにあり
ここでの防衛が彼らの
希望でもあります
ここバウツェンで
防御することを
提案します

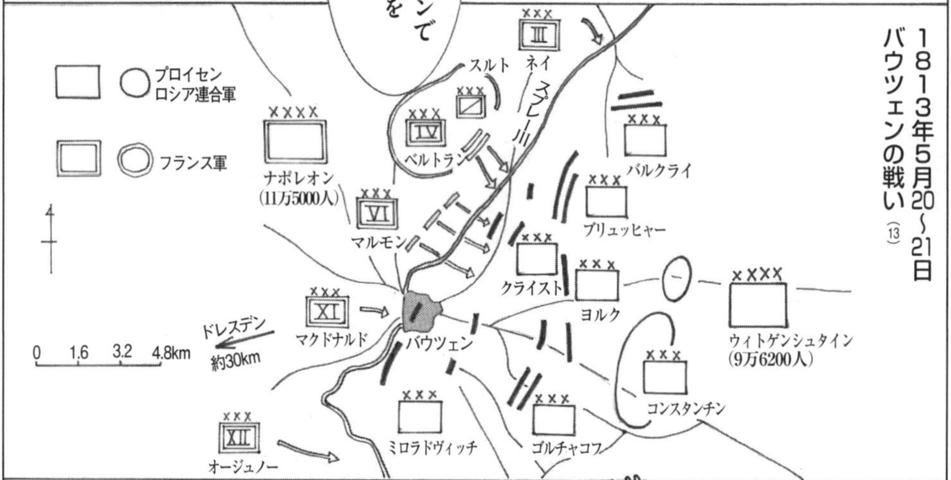
1813年5月20～21日
バウツェンの戦い ⑬
プロイセン
ロシア連合軍
フランス軍
0 1.6 3.2 4.8km
ドレスデン
約30km
ネイ
スルト
シュプレー川
ベルトラン
ナポレオン
(11万5000人)
マルモン
マクドナルド
バウツェン
オージュノー
ミロラドヴィッチ
ゴルチャコフ
コンスタンチン
バルクライ
ブリュッヒャー
クライスト
ヨルク
ウィトゲンシュタイン
(9万6200人)

ドドーン
ン

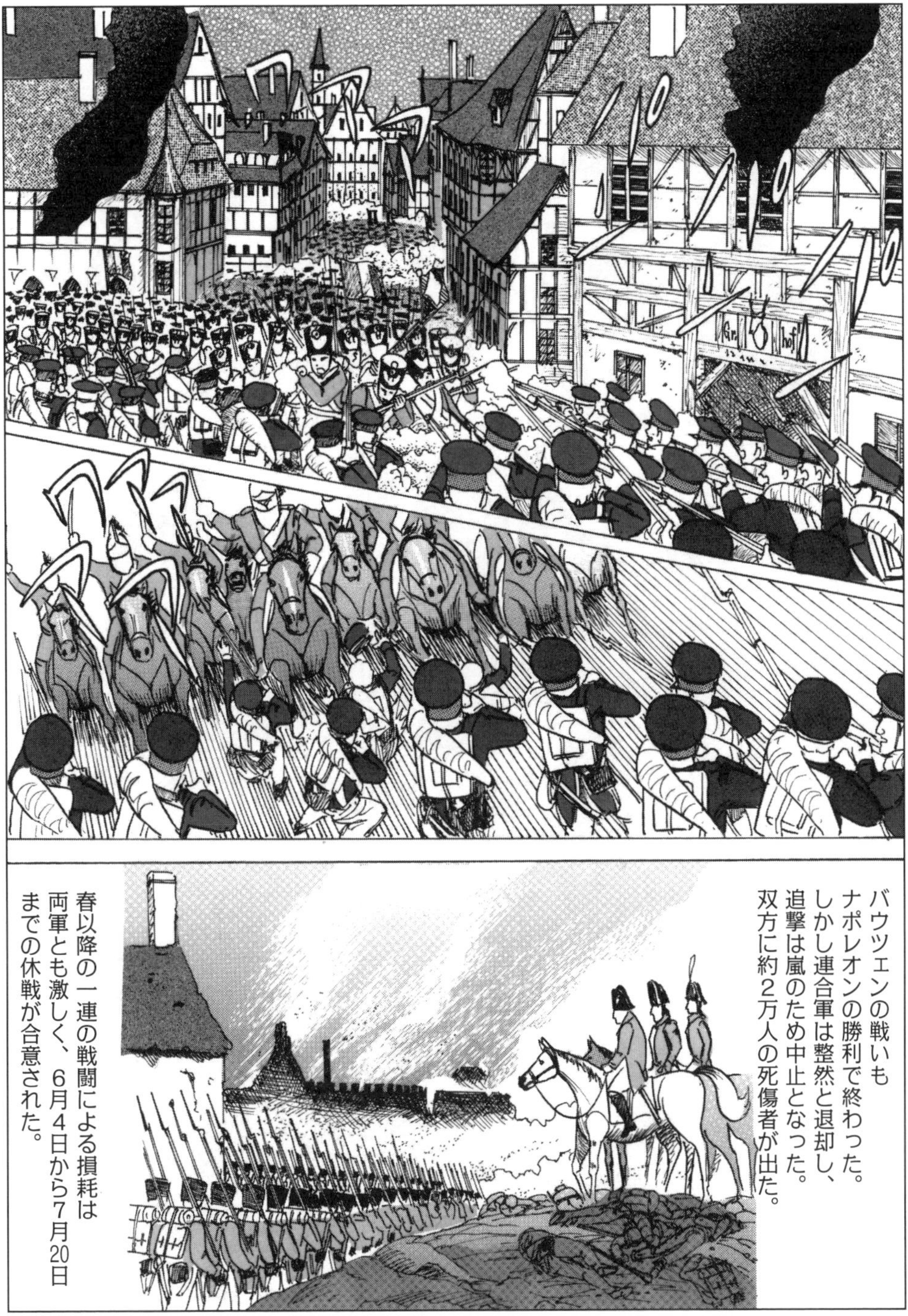
バウツェンの戦いも
ナポレオンの勝利で終わった。
しかし連合軍は整然と退却し、
追撃は嵐のため中止となった。
双方に約2万人の死傷者が出た。
春以降の一連の戦闘による損耗は
両軍とも激しく、6月4日から7月20日
までの休戦が合意された。

ヴァイセンベルク
参謀総長
どちらへ行かれるのですか?
ウィーンだ 彼らも味方につけ この戦争に参戦させる
しかし、軍医の話では まだ脛《すね》の傷が治っていません
大丈夫だ
それよりも ナポレオン軍を 各個撃破していく 作戦計画を立案するんだ
はい
シャルンホルストは傷が悪化し 敗血症が原因で6月28日、プラハで 亡くなる。57歳。 クラウゼヴィッツにとって師でもあり 父のような存在であった。 後任の参謀総長にはグナイゼナウが着任。

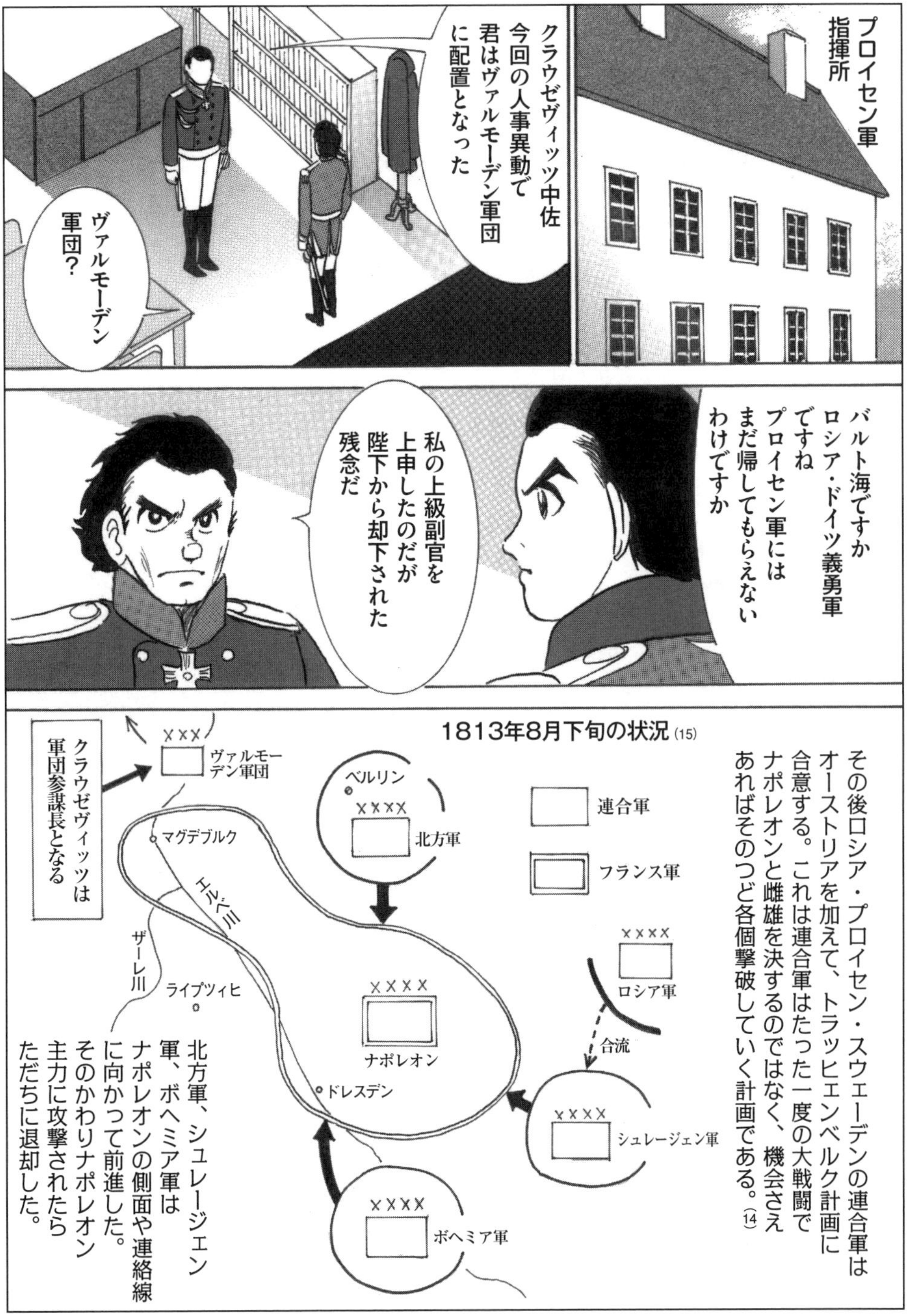

プロイセン軍指揮所
クラウゼヴィッツ中佐 今回の人事異動で 君はヴァルモーデン軍団に配置となった
ヴァルモーデン軍団？
バルト海ですか ロシア・ドイツ義勇軍ですね プロイセン軍にはまだ帰してもらえないわけですか
私の上級副官を上申したのだが 陛下から却下された 残念だ
1813年8月下旬の状況(15)
その後ロシア・プロイセン・スウェーデンの連合軍はオーストリアを加えて、トラッヒエンベルク計画に合意する。これは連合軍はたった一度の大戦闘でナポレオンと雌雄を決するのではなく、機会さえあればそのつど各個撃破していく計画である。(14)
XXX
ヴァルモーデン軍団
クラウゼヴィッツは軍団参謀長となる
ベルリン
XXXX
北方軍
連合軍
フランス軍
マグデブルク
エルベ川
ザーレ川
ライプツィヒ
XXXX
ナポレオン
XXXX
ロシア軍
合流
ドレスデン
XXXX
シュレージェン軍
XXXX
ボヘミア軍
北方軍、シュレージェン軍、ボヘミア軍はナポレオンの側面や連絡線に向かって前進した。そのかわりナポレオン主力に攻撃されたらただちに退却した。

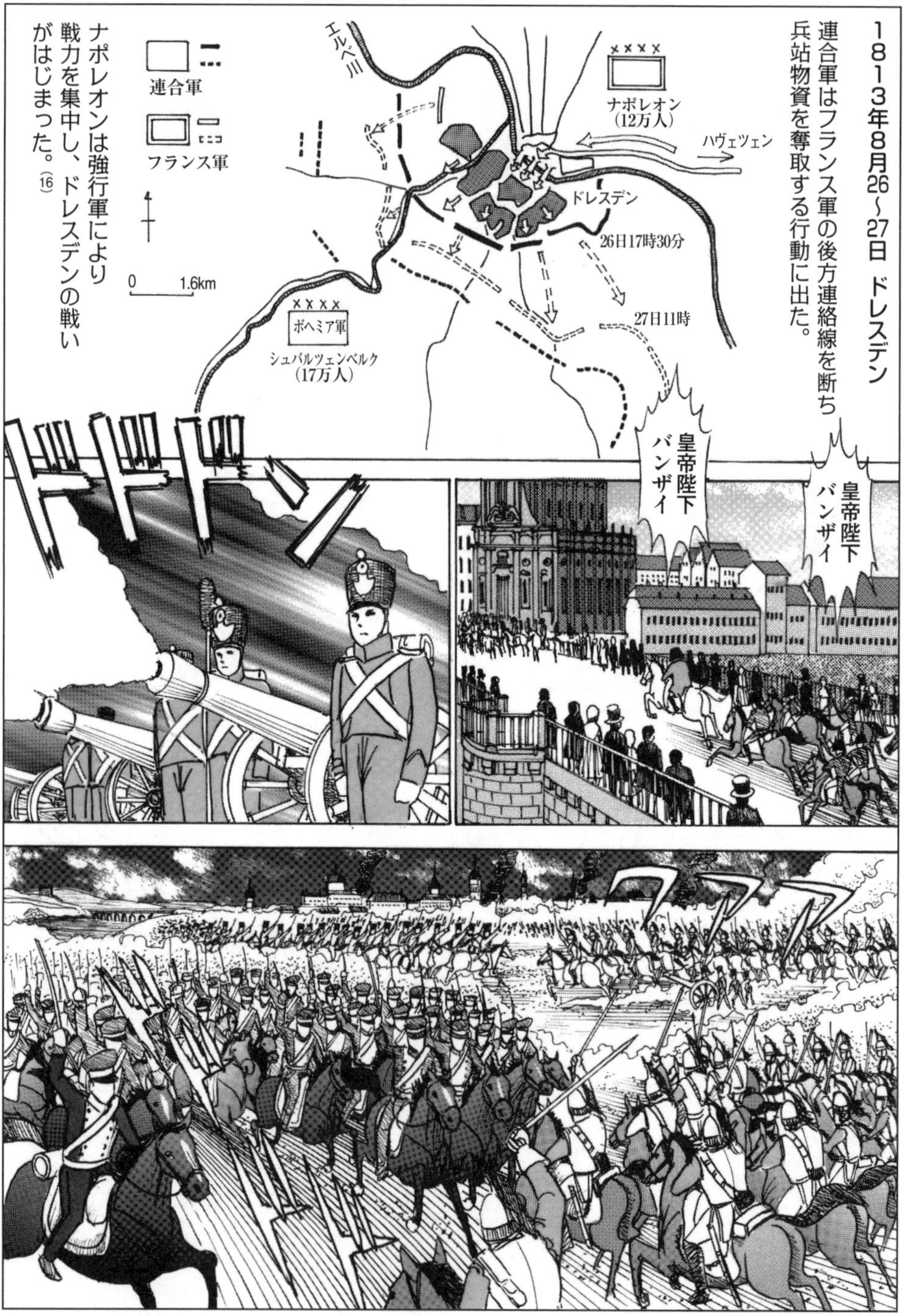
1813年8月26～27日　ドレスデン
連合軍はフランス軍の後方連絡線を断ち兵站物資を奪取する行動に出た。
ナポレオン
(12万人)
ハヴェツェン
ドレスデン
26日17時30分
27日11時
エルベ川
ボヘミア軍
シュバルツェンベルク
(17万人)
連合軍
フランス軍
0 1.6km
ナポレオンは強行軍により戦力を集中し、ドレスデンの戦いがはじまった。(16)
皇帝陛下バンザイ
皇帝陛下バンザイ
ドドドン
ワァァァ

第一部第七章「戦争における障害」は、多くの戦いを経験したクラウゼヴィッツだから書ける「戦争の本質」が語られている。現実の戦争は思いもかけぬ障害の連続であり、軍隊組織は「生きた個人」で構成されているので、しばしば「行動の停止」や「規律違反」を惹き起こす。戦争における障害を完全に熟知することは不可能であり、戦争指導者には、障害を恐れず、克服する機知と判断が求められる。

第七章　戦争における障害

…戦争においては、作戦の際に考えだに及ばなかったような無数の小さな事態が発生し、所期の計画は崩され、その結果戦争当事者は目標のはるか手前で留まらざるを得ないことになる。このような摩擦や障害を粉砕し得るのはただ力強い鋼鉄のような意志だけである。しかし残念なことにそのような人物は、時としてそれらの摩擦と障害を粉砕するはずのこちらの組織自体をも破壊してしまう恐れがある。このことについては後ほど幾度か論ずるであろう。ともあれ大通りの行手に立っているオベリスクのように、偉大な精神の堅固な意志こそは兵学の中心的位置にあって、他の何ものよりも抜きん出た存在なのである。

ある意味で、現実の戦争と机上の戦争とを一般的に区別する概念は、この障害という概念であろう。軍事的機関、すなわち軍隊とそれに所属する万端の事柄とは非常に単純であり、それゆえに取り扱い易いように見える。しかしながらこれらの機関は、どれ一つをとっても一枚岩でできているのではなく、すべては多数の生きた個人の合成から成り立っているのであり、しかもこの生きた個人のそれぞれがまたあらゆる方面から障害を受けている、ということを考えてみなければならない。いま理論的に言うなら、大隊長は与えられた命令を忠実に実行しなければならないし、大隊はまた軍紀によって結合された一団であり、そして大隊長はその精励衆の認めるような人物でなければならないのであるから、このような大隊長を中心とした大隊の運動は、あたかも鉄軸を中心として回転する木材のごとく、その摩擦などはほとんど考えなくて良いように思われるだろう。しかし現実はそうではない。観念の世界ではあまりに誇張されて真実らしからぬものが、現実の戦争においては実際即座に現われてくる。大隊というものは常に多数の生きた個人から成立している。これらの生きた個人というものは、階級の高低にかかわらず、あるいは行動の停止を、あるいは規律違反を惹き起す原因となるものである。殊に戦争に伴う危険、戦争に必要な肉体的労苦などはこの種の弊害を強めるものであり、ある意味ではその最大の原因と見なされねばならないほどのものなのである。（中略）

さらに一言しておくならば、いかなる戦争にも必ず非常に多くの特殊な現象が伴うものであって、それはちょうど暗礁の多い未知なる大海に似ていると言うべきである。聡明な最高司令官ならそれらを予期することができるのだが、それでも肉眼で確かめるわけにはゆかないので、最高司令官といえど戦争に臨むのはまるで暗黒の夜の海に船出するようなものである。時に逆風が起るようなこと、つまり最高司令官の予期していなかった偶然事が起るようなことでもあれば、その時こそ彼のもつ最大の技術と沈着と労苦とが必要になってくる。しかもそれらのことすべては、遠隔の地にあって傍観する者にとっては当然の成り行きのように見えるものなのである。古来から良将とは戦争に慣れた将軍のことを言ってきたが、その意味は戦争におけるこの障害を身をもって体験してきたということにほかならない。もちろんそれらの障害を非常によく知ってはいるが、それに圧倒されてしまって逡巡《しゅんじゅん》する以外に手がないような将軍は、決して良将とは言えない（戦争に慣れた将軍の中でも、こうした小心の者が実際しばしば見出されるものである）。われわれが将軍に求めるものは、戦争に臨んでそのような障害があるだろうことを予期し、その障害のために正確な予定行動が乱されることを心配するのではなく、できるかぎりその障害を克服してくれることなのである。（後略）

（『戦争論（上）』〔中公文庫〕135～138頁、第一部第七章「戦争における障害」より）

ドレスデンの戦いはフランス軍の勝利で終わったが、フランス側の損害も大きく、実質的には無価値であった。
9月16日ハンブルク近郊ゲルデヴァルモーデン軍団
参謀長、奇襲は成功ですでもあまり浮かない顔をされていますね
1万2千の軍が3千ほどの敵に勝って何がおもしろいのだ
それに部隊間の連携も悪い、指揮官を鍛え直す!!
しかしこの戦いの貢献によりクラウゼヴィッツは大佐へ昇進する。⒄

この頃、トラッヒエンベルク計画は
着実にその成果を上げつつあった。
1813年8月23日グロスベーレン
（ベルリンの南約20キロ）

プロイセンのビューロー軍により逆襲を受け
ウディノはヴィッテンベルクへ退却。

1813年8月26日
カッツバッハ川（現ポーランド、レグ
ニツァ市付近）

ブリュッヒャー軍はマクドナルド軍
を撃破し死傷者1万3千人、捕虜
1万5千〜2万人の戦果を得る。[18]

1813年8月30日、ドレスデンの戦いの
あとのクルム（ドレスデンの南約45キロ）

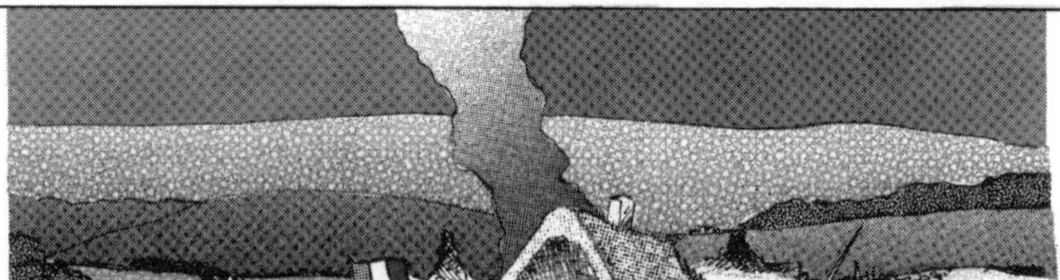

孤立したフランスのヴァンダム軍を
連合軍が急襲し、第1軍団長含む、
1万3千人が連合軍の捕虜となる。

1813年10月16～19日 ライプツィヒ

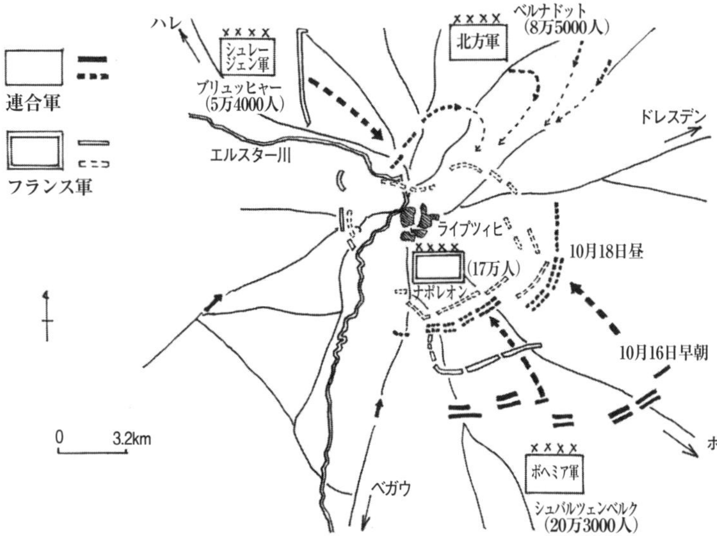

フランス軍は次第に追いつめられ、ライプツィヒでナポレオン戦争最大規模の戦闘が行なわれた。フランス軍約17万人、連合軍約34万人 ⑲

これらの戦闘をそれ自体において秩序だて遂行させることと、これらの戦闘を連合させて戦争の目的に結びつけることとは、まったく相異なる活動に属する、すなわち前者は戦術と呼ばれるものであり、後者は戦略と呼ばれるものである。

『戦争論』⑳

戦略にとって、勝利は、つまり戦術的成功は本来手段にすぎず、直接に講話をもたらすような状況を作り出すことが究極の目的となる。

『戦争論』㉑

戦略は戦闘が行なわれるべき地点、
戦闘が行なわれるべき時間、
戦闘の際の戦力など
を決定する。
『戦争論』㉒
数の優位が戦闘の結果を
左右する最も重要な要因
である…
『戦争論』㉓
決定的瞬間にはできるだけ多数の軍隊を戦闘に集結さ
せねばならない…
『戦争論』㉔

フランス軍を追いつめろー
撤退する
敵が来るぞ
早く橋を爆破しろ!!

うわぁ
ひどいな、まだ撤退中なのに
「軍事的にはライプツィヒはナポレオンの軍事的名声に重大な打撃を与え、結局スペインの外にいる強固とみられたフランス軍の三分の二以上を破滅させたのである。
政治的にはプロイセンをドイツで主導権を握る強国としてもう一度登場させ近代ヨーロッパの誕生へと向かう準備をした」
（チャンドラー著『ナポレオン戦争』）(25)

ナポレオンは1814年4月4日に
退位し、4月28日、イギリスフリゲート
艦「アンドーンティッド」号で
エルバ島へ向かった。
クラウゼヴィッツの義勇軍は
8月半ばプロイセン軍に
編入され、彼は司令官になる。
しかしプロイセンの
軍服を着ることは
許されなかった。(26)
1813年3月
軍団臨時司令部が置かれたアーヘン
クラウゼヴィッツは
ロシア戦役中に関節炎を患っている。
それで夫人を伴い、ここに湯治に来ていた。(27)

アーヘンの大聖堂だ
すてきね千年前にカール大帝がつくられたんでしょ
ねえカールホテルに帰る途中に美味しいレストランがあるってホテルの人から聞いたの
食べていきません？
いいね
ホテル
カールあなた最近あまり元気ないわねプロイセン陸軍に復帰できないことを悩んでいらっしゃるの？
え？
別に悩んでいないよ考えてもしょうがないことだし

私ね
今とてもうれしいの
ナポレオンが去って戦争がなくなって、こうやって
あなたと二人でゆっくりすごすの初めてじゃない？
ずっと
このままでいてほしいなって思っているのよ
マリー
そうだった
私は結婚してから
いつも戦場にいて
夫らしいことは何もしてやれなかった
子供がいないマリーはどんなに寂しかったか
マリー
すまなかった
私は自分のことしか
考えてなかった
これからは
ずっと一緒にいよう
カール

司令官
お休みのところ
申し訳ありません
ベルリンから
至急の知らせです
バタン
……
どうかなさったの?
ナポレオンが
エルバ島を
脱出した
そしてクラウゼヴィッツは
プロイセン軍に復帰する。

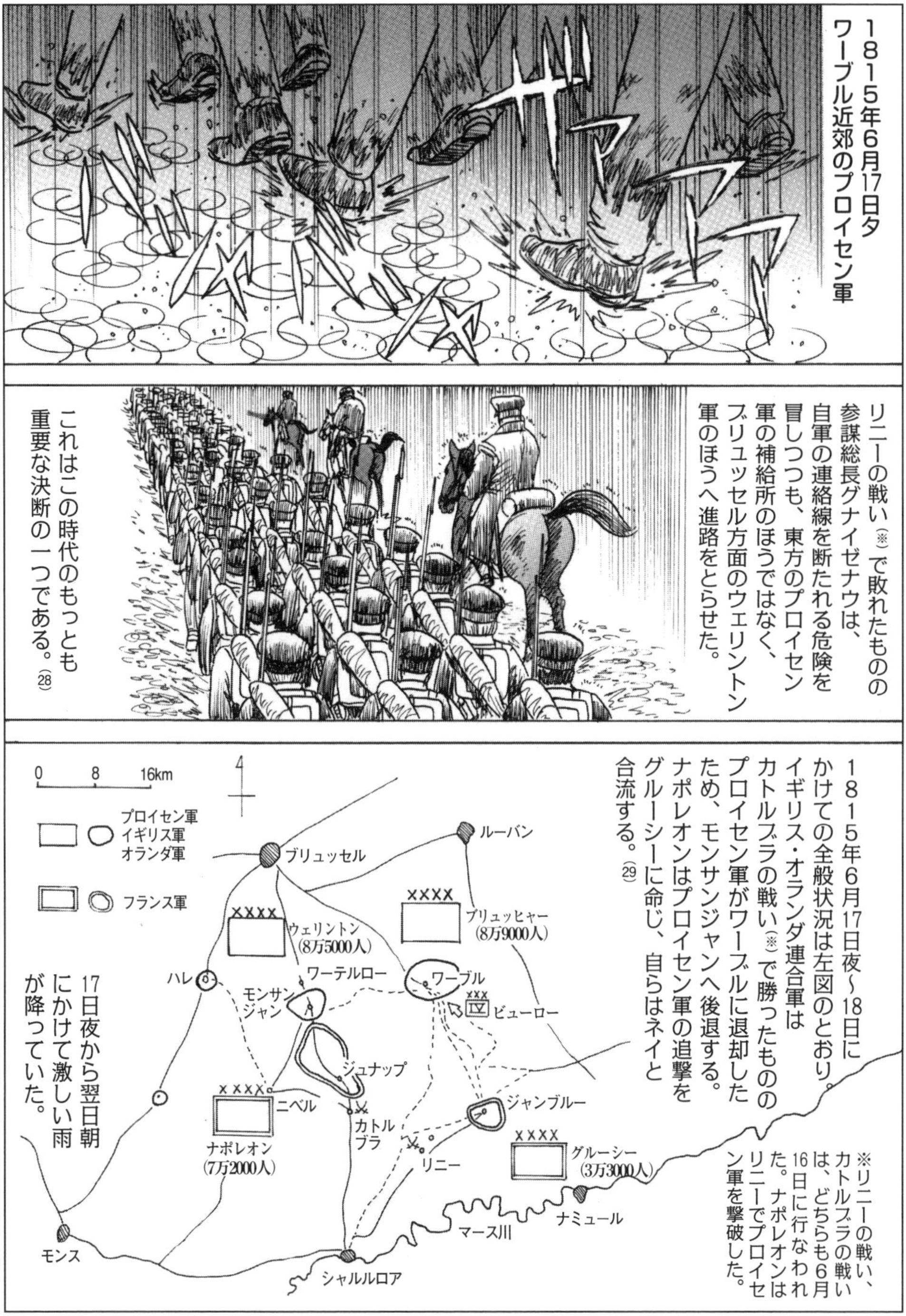
1815年6月17日夕
ワーブル近郊のプロイセン軍
ザアアアア
リニーの戦い（※）で敗れたものの参謀総長グナイゼナウは、自軍の連絡線を断たれる危険を冒しつつも、東方のプロイセン軍の補給所のほうではなく、ブリュッセル方面のウェリントン軍のほうへ進路をとらせた。
これはこの時代のもっとも重要な決断の一つである。㉘
1815年6月17日夜～18日にかけての全般状況は左図のとおり。イギリス・オランダ連合軍はカトルブラの戦い（※）で勝ったもののプロイセン軍がワーブルに退却したため、モンサンジャンへ後退する。ナポレオンはプロイセン軍の追撃をグルーシーに命じ、自らはネイと合流する。㉙
※リニーの戦い、カトルブラの戦いは、どちらも6月16日に行なわれた。ナポレオンはリニーでプロイセン軍を撃破した。
17日夜から翌日朝にかけて激しい雨が降っていた。
0 8 16km
プロイセン軍
イギリス軍
オランダ軍
フランス軍
ブリュッセル
ルーバン
XXXX
ウェリントン
(8万5000人)
XXXX
ブリュッヒャー
(8万9000人)
ハレ
ワーテルロー
ワーブル
モンサンジャン
XXX
IV
ビューロー
ジュナップ
XXXX
ニベル
カトルブラ
ジャンブルー
ナポレオン
(7万2000人)
リニー
XXXX
グルーシー
(3万3000人)
ナミュール
マース川
モンス
シャルルロア

18日早朝ワーブル
プロイセン軍司令部
落馬のケガは大丈夫ですか司令官
どおってことないわ
グナイゼナウ参謀総長
イギリス軍はカトルブラの戦いで敗れてモンサンジャンに後退したそうだな
ハッ
ワシは少なくとも2個軍団でイギリス軍を支援しに行こうと思う
えっ
しかし閣下、我々がワーブルに来たのはイギリス軍との連携を密にするためですが併せてここでグルーシーと決戦するためです
いまイギリス軍に2個軍団も向けたら逆にグルーシー軍に撃破される恐れがあります

ナポレオンはプロイセンより劣勢なイギリス軍を最初にたたくだろう
決戦は今日モンサンジャンからワーテルローの間で行なわれるはずだ
閣下!!
グルーシーに追撃される恐れがあります
我々はあくまでここでグルーシーを撃破しその後イギリス軍と共同で決戦に挑むべきです
ワシはウェリントンと約束したのだ
貴軍が攻撃され危機に陥ったら必ず救援に行くとな
わかりました
その方針で命令を作成します
参謀総長はここに残れ
残りの2個軍団の運用はまかせる
はい

第3軍団司令部
参謀総長の構想だとここでグルーシー軍との決戦が行なわれるはずです
昨日の雨だ砲の火力は期待できんな
第3軍団長ティールマン将軍
軍団長、参謀長会議中すみません参謀総長から緊急伝です
グロルマン上級副官㉚
作戦構想プロイセン軍は一部をもってグルーシー軍を現地で拘束し主力はサン・ランベールへ向かい前進イギリス軍を支援する
総司令官の命令です第3軍団は現地で予備となりグルーシー軍を阻止・拘束せよ(※)
※2個軍団の運用を任されたグナイゼナウは結局1個軍団のみを残置する決心をした。

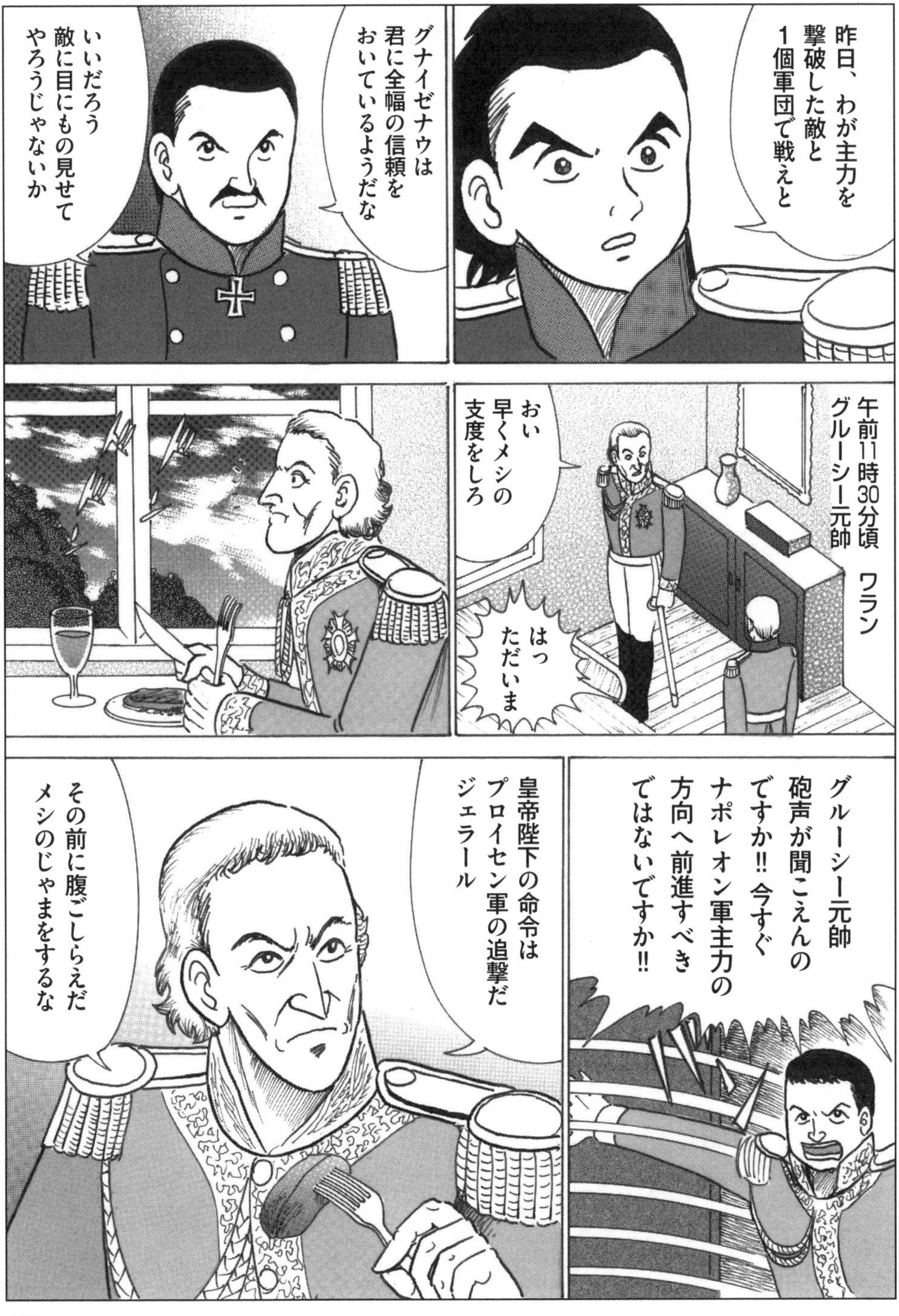
昨日、わが主力を撃破した敵と1個軍団で戦えと
グナイゼナウは君に全幅の信頼をおいているようだな
いいだろう敵に目にもの見せてやろうじゃないか
午前11時30分頃 グルーシー元帥 ワラン
おい早くメシの支度をしろ
はっただいま
グルーシー元帥砲声が聞こえんのですか!! 今すぐナポレオン軍主力の方向へ前進すべきではないですか!!
皇帝陛下の命令はプロイセン軍の追撃だジェラール
その前に腹ごしらえだメシのじゃまをするな

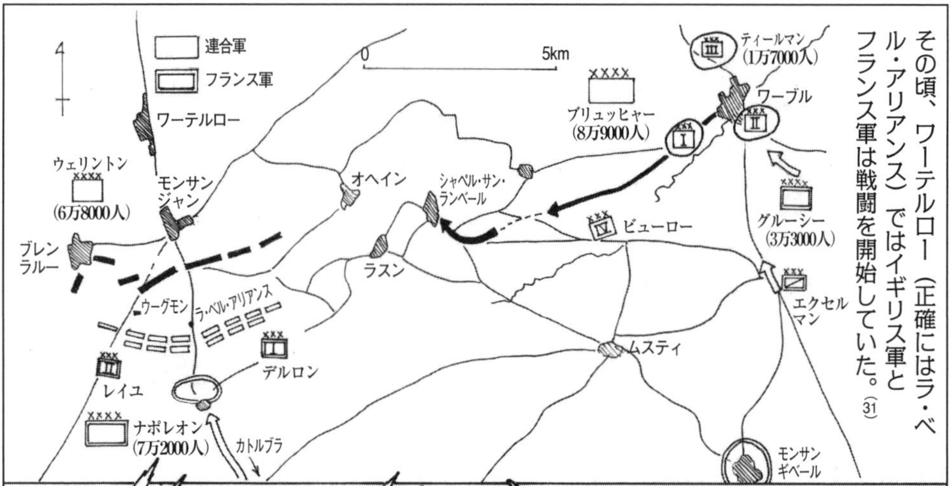
その頃、ワーテルロー（正確にはラ・ベル・アリアンス）ではイギリス軍とフランス軍は戦闘を開始していた。[31]
連合軍
フランス軍
0
5km
ワーテルロー
ウェリントン
(6万8000人)
モンサンジャン
ブレンラルー
ウーグモン
ラ・ベル・アリアンス
レイユ
デルロン
ナポレオン
(7万2000人)
カトルブラ
オヘイン
シャペル・サン・ランベール
ラスン
ブリュッヒャー
(8万9000人)
ティールマン
(1万7000人)
ワーブル
ビューロー
グルーシー
(3万3000人)
エクセルマン
ムスティ
モンサンギベール

ウーグモン

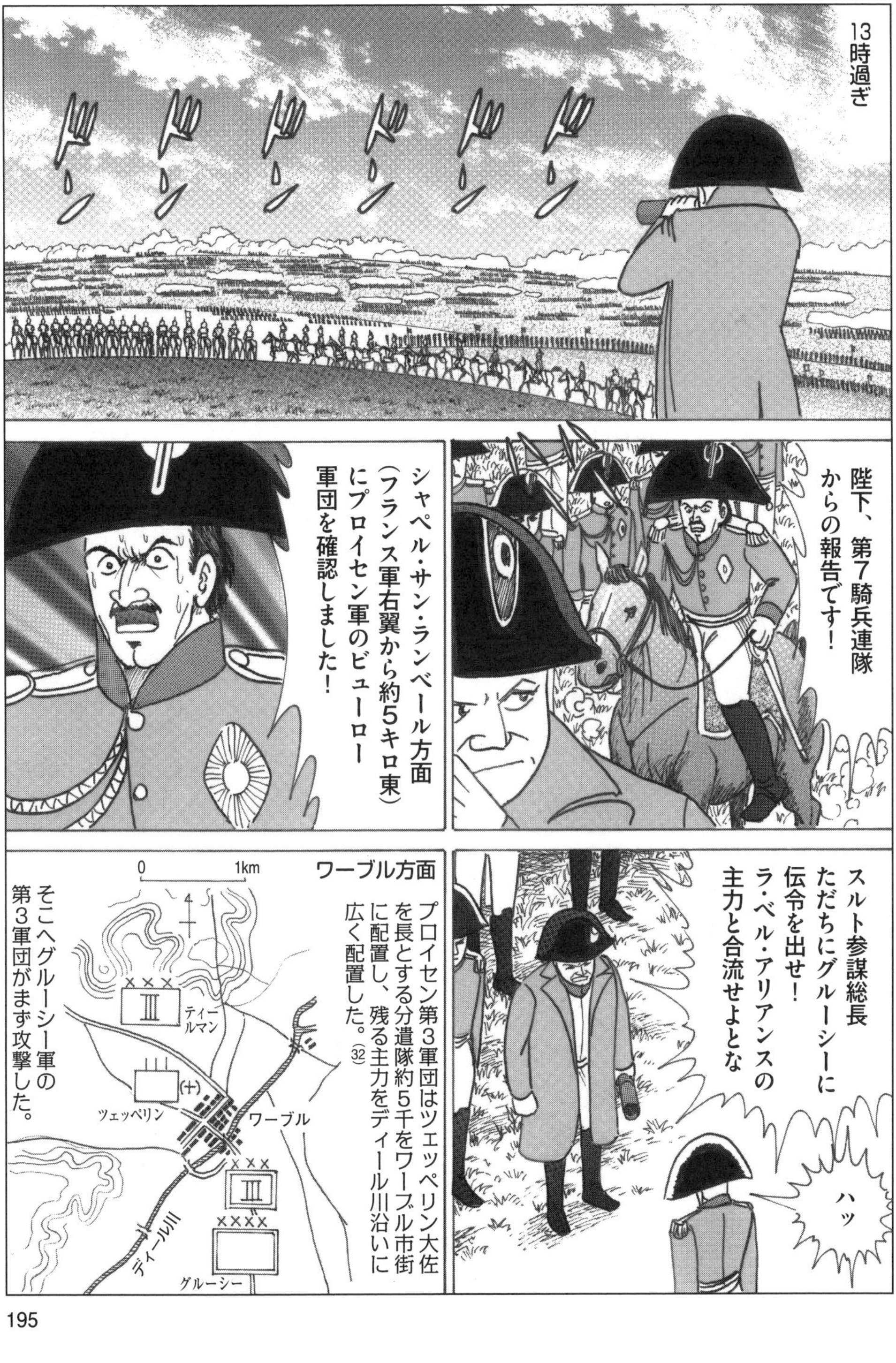
13時過ぎ
ドーン
ドーン
ドーン
ドーン
ドーン
ドーン
陛下、第7騎兵連隊からの報告です！
シャペル・サン・ランベール方面（フランス軍右翼から約5キロ東）にプロイセン軍のビューロー軍団を確認しました！
スルト参謀総長
ただちにグルーシーに伝令を出せ！
ラ・ベル・アリアンスの主力と合流せよとな
ハッ
ワーブル方面
プロイセン第3軍団はツェッペリン大佐を長とする分遣隊約5千をワーブル市街に配置し、残る主力をディール川沿いに広く配置した。(32)
0
1km
ティールマン
(+)
ツェッペリン
ワーブル
ディール川
グルーシー
そこへグルーシー軍の第3軍団がまず攻撃した。

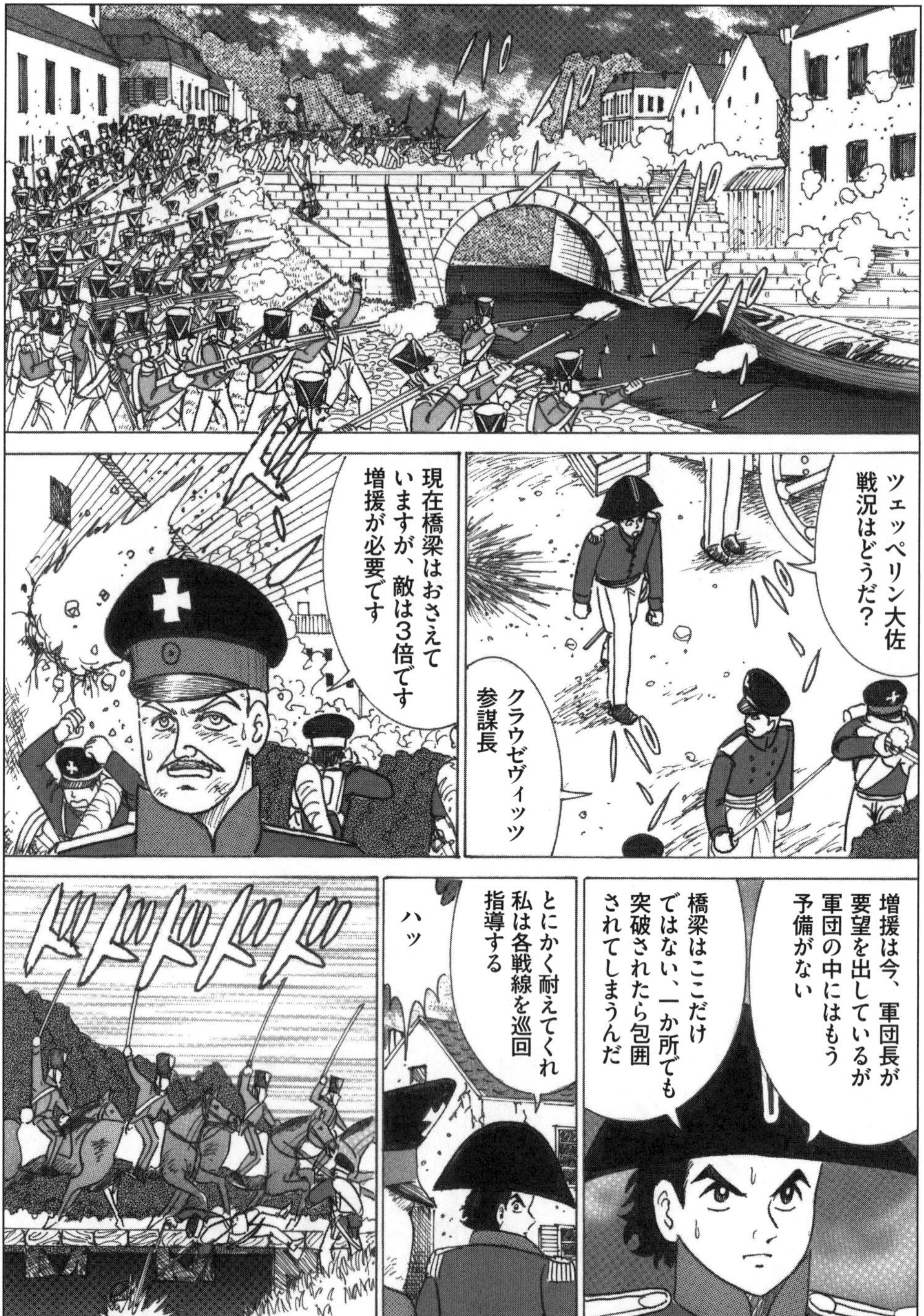
ツェッペリン大佐
戦況はどうだ?
クラウゼヴィッツ参謀長
現在橋梁はおさえていますが、敵は3倍です
増援が必要です
増援は今、軍団長が要望を出しているが軍団の中にはもう予備がない
橋梁はここだけではない、一か所でも突破されたら包囲されてしまうんだ
とにかく耐えてくれ私は各戦線を巡回指導する
ハッ

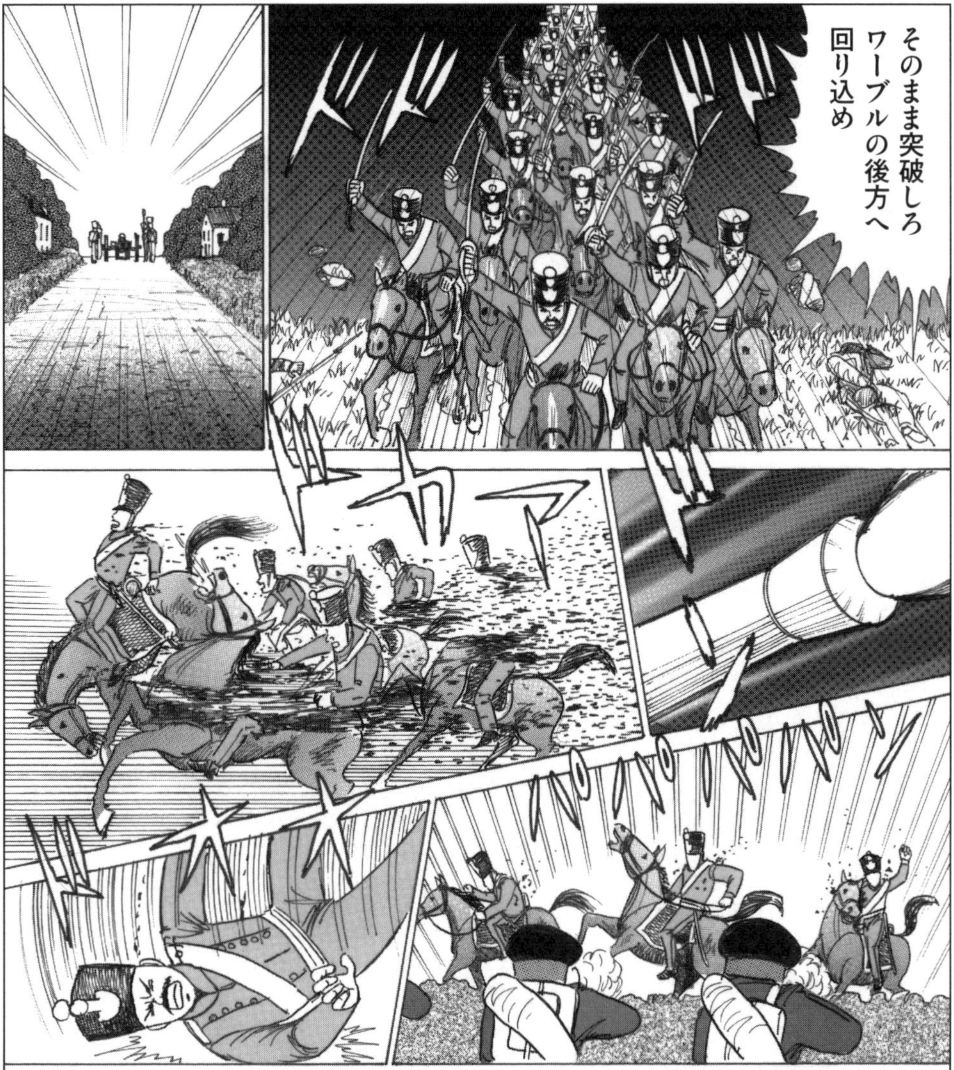
そのまま突破しろ
ワーブルの後方へ
回り込め
よし
よくやった
これも訓練の成果です
参謀長

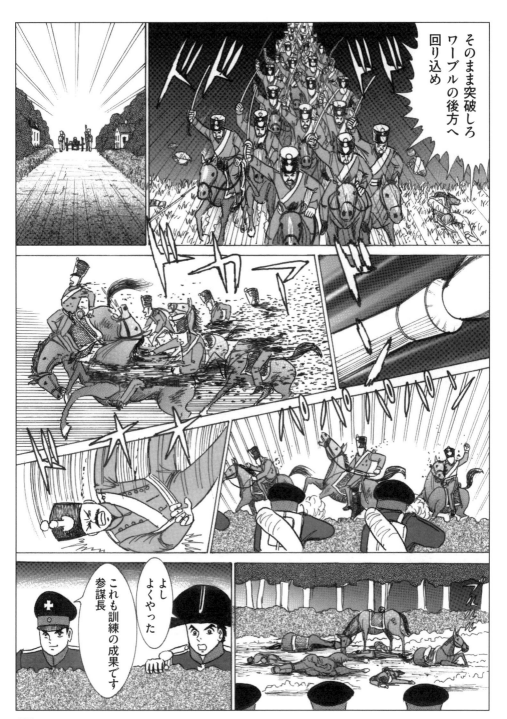

ワーテルロー
ドン　ドドドン　ワァァァァァ
午後4時　ネイ元帥
イギリス軍は後退しているぞ今だ突撃せよ!!
敵は後退してるぞ

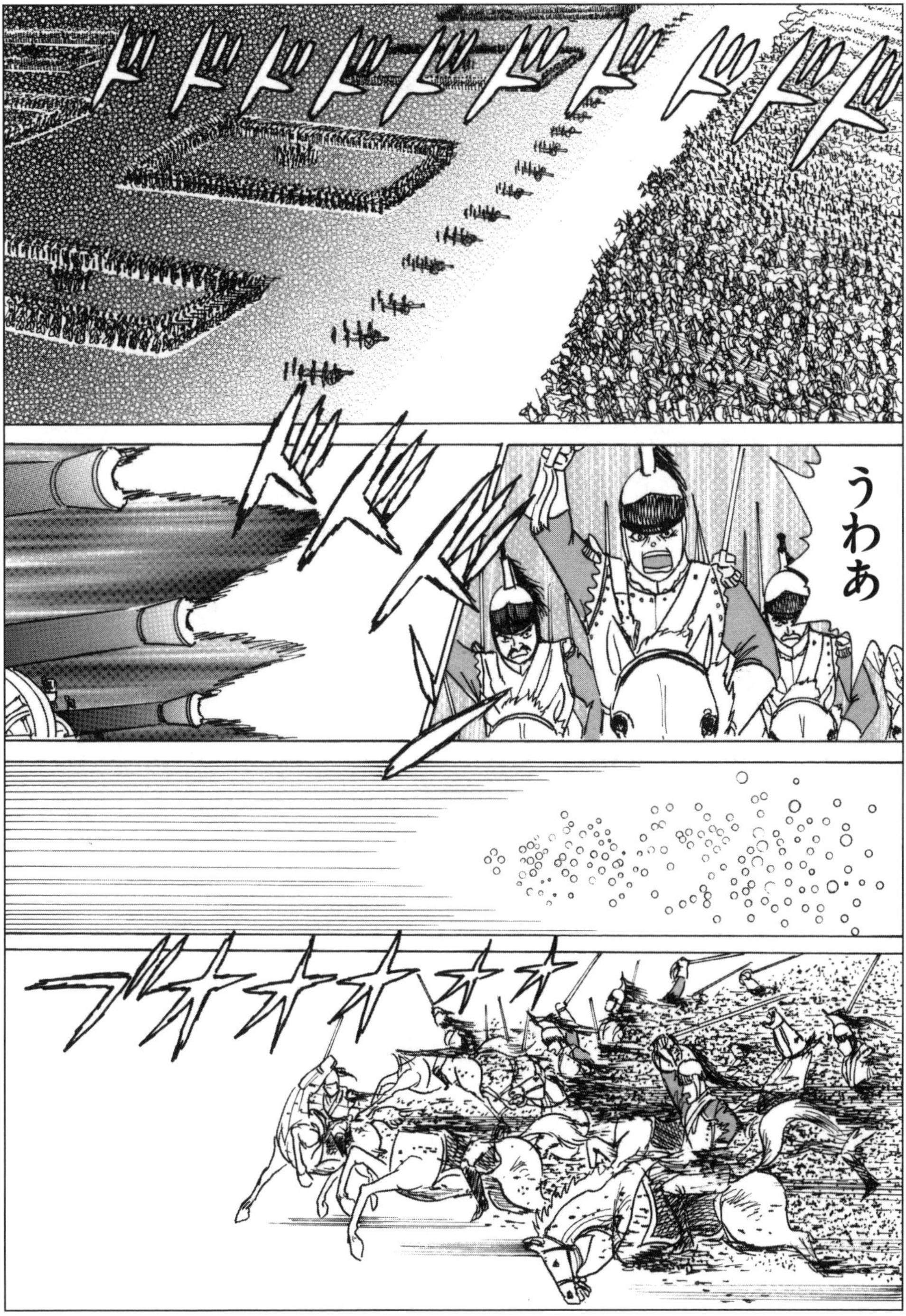
ドドドドドドドドドド
うわあ
ドドドド
ブオオオオオオ

パパパパパン
ワアァァ
ネイのやつめ
歩兵や砲兵の
援護もなく
あんな早まった
行動をとるとは…
これで計画はすべて
ご破算だ
㉝
ワーブル
グルーシー
閣下、皇帝陛下
からの命令です
シャペル・サン・ランベール
にいるビューロー軍団を
たたくため一刻も早く
主力と合流せよだと!!

もう遅い
だいたい15キロほどの
距離になぜ伝令は
4時間もかかるのだ!!㉞
それに
こんな状況で
ワーブルを
離脱できるか!!
ワーテルロー 午後7時
親衛隊を
出せ!!

皇帝陛下、北東方面に動きがみられます
グルーシーか?
グルーシーに違いない!!
兵たちに伝えろ
グルーシーが来たとな
皇帝万歳!
兵士たちよ
グルーシーが
来たぞ
え?
ギャ
グワ

おい、あれはグルーシー軍じゃないぞ
ブロロ
プロイセン軍だ!!
プロイセン兵士たちよ今こそイエナ、アウエルシュタットの復讐を果たすときが来た
進めー

午後19時30分、ブリュッヒャーのプロイセン軍はフランス軍の右翼に襲いかかった。一方ワーブルでは第3軍団がグルーシー軍と激闘中であった。(35)
連合軍
フランス軍
0
5km
ワーテルロー
ティールマン
(1万7000人)
ワーブル
モンサンジャン
ブリュッヒャー
(8万9000人)
シャペル・サン・ランベール
ウェリントン
(6万8000人)
グルーシー
(3万3000人)
ブレンラルー
ラスン
ムスティ
ナポレオン
(7万2000人)
カトルブラ
モンサンギベール
ワーブル午後10時
突破したぞ
右に向かえ
参謀長
我が右翼と対峙している敵はついにディール川を渡河しました
くそっ
包囲される前に後方に下がるしかないか

さがれー
同じ頃ワーテルローではナポレオンは敗残兵と共に西に向かっていた。
19日朝 ワーブル

参謀長、敵が消えました どうやら防ぎきったみたいですな、でももう一度 総攻撃を受けたら もたなかったでしょう
勝ったのか 我々はナポレオンに
ワーテルローとワーブルの戦いは終わった。しかし、ブリュッヒャーの活躍に比べ、第3軍団は公式報告書では過小評価されてしまい、クラウゼヴィッツもプロイセン軍最下級勲章である「鉄十字二等章」しか授与されなかった。[36]

第八部は『戦争論』の最後を飾るものであり、第一部第一章の内容が敷衍《ふえん》され、とくに古代から近代にいたる戦争形態の変遷を具体的に示しながら今後の戦争の戦い方を述べている。

Ｂ 戦争は政治の一手段である

……現実の戦争の性質を考え、本部第三章において述べておいたこと、すなわち、あらゆる戦争を理解するには、何よりもまず、政治的な諸力や諸関係によって与えられるその性格や主要な輪郭を推測しなければならないということ、そして、しばしば、いや今日では、ほとんどの場合、戦争は一つの有機的全体であり、個々の部分は全体から切り離しては考えられないということ、したがって、あらゆる個別活動は全体に合流し、全体の理念によってのみ規定されるべきであるということ、これらのことを想い起せば、戦争を指導し、戦争の基本線を規定する最高の視点が政治のそれ以外にはあり得ないことは、完全に確実かつ明瞭になることと思う。

このような立場に立つとき、作戦計画は完全なものとなり、史上のそれに対する理解と判断とは一層容易かつ自然となり、確信はいよいよ強固となり、動機は一層満足すべきものとなり、かくて歴史は一層理解し易いものとなる。

またこのような立場に立つとき、政治的利害と軍事的利害との衝突は少なくとも本質的には存在しなくなり、したがって、それが生ずれば、洞察が不完全なためにのみ生じたものと見なされることになる。政治が容易に成就できない要求を戦争に課すようなことがあれば、それは、政治はそもそも己れの利用し得る手段の範囲を知っているはずだ、という当然すぎるほど当然なわれわれの立論の基礎となっている前提に反することとなる。ところで政治が軍事的諸条件の経過を正しく評価している場合には、戦争の目標に適した事件や方針を決定するのはまったく政治の任務であり、また政治のみの任務でもあることになる。

一言にして言えば、兵術は、最も高い立場に立ってこれをみるとき、政治となる。ただし、外交文書を交す代りに会戦を交すところの政治となるということである。

（『戦争論（下）』〈中公文庫〉526〜527頁、第八部「作戦計画（草案）」第六章「戦争と政治」より）

1819年 ベルリン
カリカリ
カリカリ
私の軍人としてのキャリアは、はたして恵まれていたのだろうか
シャルンホルストやグナイゼナウという師や友人に恵まれたのは事実だ
しかし国王にはなかなか評価してもらえなかった
今後大規模な戦争がないとしたら軍の中の栄達はもう望めないだろう
だとしたら、この『戦争論』に情熱をかたむけ、私の評価を広く世に問うとしよう
私とマリーには子どもがいない
その代わり『戦争論』こそが後世に残すに足るものなのだ
カール
コーヒーが入ったわよ
ああ 今、そっちに行くよ

１８３０年、クラウゼヴィッツは
ブレスラウ（現在のポーランド、プロ
ツラフ）に司令部のある第３砲兵営区
砲兵監に任命され、同時にポーランド
に派遣されたグナイゼナウ司令官の
参謀となる。

しかし、１８３１年８月23日、
グナイゼナウがコレラで亡くなると
クラウゼヴィッツも後を追うように
11月16日にブレスラウでコレラで
亡くなった。享年51。

クラウゼヴィッツはブレスラウに赴任前
『戦争論』の未完の草稿を束ねて封印し、再びこれに取り組み、
完成させる日が来るまで手を触れない決意をした。(37)
夫を亡くしてから数か月後、
マリーは友人に手伝ってもらいながら
夫の遺稿の一部の出版
準備に過ごした。
彼の遺稿第一巻の
『戦争論』一〜四篇が
世に出たのは
１８３２年の
ことである。

「１８３６年に
マリー夫人が亡くなるまでに
さらに七巻が出版され、
残りの二巻はその翌年に日の目を見た。
これらの出版で、後世に残る思想の
誇らかな行進が始まったわけではなく、
人間の営為《いとなみ》の中の組織化された暴力というものに対する系統だった
歴史的研究のスタートが切られたにすぎない」
（ピーター・パレット著『クラウゼヴィッツ「戦争論」の誕生』）(38)

脚注「第1部 戦争の本質」

(1) この場面は19世紀後半のベルリンであり、当時の人口は14～15万であった。

(2) クラウゼヴィッツは陸軍士官学校の一角に居室をあてがわれていた。彼は自分の執務室ではなく、夫人の居間で書き物をしていた。

ピーターパレット著、白須英子訳『クラウゼヴィッツ「戦争論」の誕生』中央公論社、１９８８年、３２５頁

(3) Clausewitz, Carl Philipp Gottlieb von. １７８０年7月1日生まれ。プロイセン王国ブルクで生誕。

(4) Brühl, Marie von. １７７９年6月3日生まれ。ワルシャワで生誕。チューリンゲンの名家の出身。父はザクセン王国の宰相。クラウゼヴィッツと知り合った頃は宮廷の女官であった。詳細についてはピーターパレット著、白須英子訳『クラウゼヴィッツ「戦争論の誕生」』中央公論社、１９８８年、１１０頁

(5) 第一部第一章「２定義」クラウゼヴィッツ著、清水多吉訳『戦争論』(上) 中公文庫２０１６年6刷、34頁。今後『戦争論』の引用は清水多吉訳の同書を使用する。

(6) 第一部第一章「２定義」クラウゼヴィッツ著、清水多吉訳『戦争論』(上)、34頁

(7) 第一部第一章「２定義」クラウゼヴィッツ著、清水多吉訳『戦争論』(上)、35頁

(8) Scharhorst, Gerhard Johann David von. １７５５年11月12日生まれ。ハノーヴァー出身。彼のつくった軍事協会は１８０５年4月に解散しているので、ここでは個人的に集まっているものとする。

(9) Tiedemann, Karl von. 生年不明

(10) Gneisenau, August Wilhelm Graf Neidhardt von. １７６０年10月27日生まれ。ザクセン王国トルガウ出身。

(11) August von Preußen. １７７９年9月19日生まれ。

(12) Boyen, Ludwig Leopold Hermann von. １７７１年6月23日生まれ。のちのプロイセン陸軍大臣。

(13) Luise Auguste Wilhelmine Amalie Herzogin zu Mecklenburg-Strelitz.１７７６年3月10日生まれ。フリードリッヒ・ヴィルヘルム3世の妻。

(14) Friedrich Wilhelm III.１７７０年8月3日生まれ。

(15) セバスチャン・ハフナー著、魚住昌良監訳、川口由紀子訳『プロイセンの歴史』東洋書林、２００２年、１５０～１５３頁

(16) ピーターパレット著、白須英子訳『クラウゼヴィッツ「戦争論」の誕生』中央公論社、１９８８年、１２８～１２９頁

(17) ルイーゼ王妃の軍装については、F. G. Hourtoulle, *Jena, Auerstadt: The Triumph of the Eagle* (Paris : Histoire and Collections, 2000) を参照。

(18) 両角良彦著『１８１２年の雪』筑摩書房、１９８０年、13頁

(19) デイヴィッド・G・チャンドラー著、君塚直隆、竹村厚士、糸多郁子、竹本知行訳『ナポレオン戦争 (第3巻) 欧州大戦と近代の原点』信山社、２００５年、48頁

(20) F. G. Hourtoulle, *Jena, Auerstadt: The Triumph of the Eagle* (Paris: Histoire and Collections, 2000), p.42

(21) デイヴィッド・G・チャンドラー著、君塚直隆、竹村厚士、糸多郁子、竹本知行訳『ナポレオン戦争 (第3巻) 欧州大戦と近代の原点』信山社、２００５年、64頁

(22) デイヴィッド・G・チャンドラー著、君塚直隆、竹村厚士、糸多郁子、竹本知行訳『ナポレオン戦争 (第3巻) 欧州大戦と近代の原点』信山社、２００５年、76頁

(23) Philip J. Haythornthwaite, *Weapons and Equipment of the Napoleonic Wars* (London: Blandford Press, 1979), 銃については19頁、砲については64～67頁
(24) 第二部第四章「順法主義」クラウゼヴィッツ著、清水多吉訳『戦争論』（上）203頁
(25) ロバート・B・ブルース他著、浅野明監修、野下祥子訳『戦闘技術の歴史（4）ナポレオンの時代編』創元社、2013年、52頁
(26) 第五部第五章「1軍の分割」クラウゼヴィッツ著、清水多吉訳『戦争論』（上）439頁
(27) ピーターパレット著、白須英子訳『クラウゼヴィッツ「z戦争論」の誕生』中央公論社、1988年、140頁
(28) チィエリー・レンツ著、福井憲彦監修、遠藤ゆかり訳『ナポレオンの生涯』創元社、1999年、87頁

脚注「第2部 攻撃と防禦」

(1) ピーターパレット著、白須英子訳『クラウゼヴィッツ「戦争論」の誕生』中央公論社、1988年、147頁
(2) マリーの義理の妹。年上の友人。ピーターパレット著、白須英子訳『クラウゼヴィッツ「戦争論」の誕生』中央公論社、1988年、116頁
(3) ピーターパレット著、白須英子訳『クラウゼヴィッツ「戦争論」の誕生』中央公論社、1988年、145頁
(4) クラウゼヴィッツの性格については、ピーターパレット著、白須英子訳『クラウゼヴィッツ「戦争論」の誕生』中央公論社、1988年、234頁
(5) ピーターパレット著、白須英子訳『クラウゼヴィッツ「戦争論」の誕生』中央公論社、1988年、148頁
(6) ピーターパレット著、白須英子訳『クラウゼヴィッツ「戦争論」の誕生』中央公論社、1988年、152頁
(7) ピーターパレット著、白須英子訳『クラウゼヴィッツ「戦争論」の誕生』中央公論社、1988年、215頁
(8) ピーターパレット著、白須英子訳『クラウゼヴィッツ「戦争論」の誕生』中央公論社、1988年、238頁
(9) Friedrich Wilhelm IV.1795年10月15日生まれ、1861年1月2日没。弟に初代ドイツ皇帝Wilhelm Iがいる。
(10) ピーターパレット著、白須英子訳『クラウゼヴィッツ「戦争論」の誕生』中央公論社、1988年、248頁
(11) デイヴィッド・G・チャンドラー著、君塚直隆、竹村厚士、糸多郁子、竹本知行訳『ナポレオン戦争（第4巻）欧州大戦と近代の原点』信山社、2003年、143頁
(12) Vincent J.Esposito & John R. Elting, *A Military History and Atlas of The Naporeonic Wars* (London: Greenhill Books, 1999) ,pp.107-109
(13) モスクワ侵攻の初期の状況については両角良彦著『1812年の雪』筑摩書房、1980年、10～42頁およびデイヴィッド・G・チャンドラー著、君塚直隆、竹村厚士、糸多郁子、竹本知行訳『ナポレオン戦争（第4巻）欧州大戦と近代の原点』信山社、2003年、第13部「モスクワへの道」参照
(14) デイヴィッド・G・チャンドラー著、君塚直隆、竹村厚士、糸多郁子、竹本知行訳『ナポレオン戦争（第4巻）欧州大戦と近代の原点』信山社、2003年、150頁
(15) バルクレイ将軍とバグラチオン将軍は仲が悪く、調整がうまくいかなかったといわれている。また、バルクレイは人望もなかったと

いう。トルストイ著、工藤清一郎訳『戦争と平和（3）』新潮文庫、1977年、154～155頁にはその辺の経緯が記されている。
(16) ネイ元帥はダブー元帥などと並んでナポレオンの将星の中では有名だが、とくにモスクワ侵攻ではその真価を発揮し、のちにモスクワ大公の称号を受けている。
(17) デイヴィッド・G・チャンドラー著、君塚直隆、竹村厚士、糸多郁子、竹本知行訳『ナポレオン戦争（第4巻）欧州大戦と近代の原点』信山社、2003年、170頁
(18) デイヴィッド・G・チャンドラー著、君塚直隆、竹村厚士、糸多郁子、竹本知行訳『ナポレオン戦争（第4巻）欧州大戦と近代の原点』信山社、2003年、143頁
(19) クトゥーゾフ将軍に関するクラウゼヴィッツの評価はおもしろい。以下『ナポレオン戦争（第4巻）欧州大戦と近代の原点』171頁から引用する。「クトゥーゾフは齢七〇を迎えようとしており、この年齢の軍人によくみられる活気を心身ともにもはや備えていなかった。しかし、彼はロシア軍の操り方を知り抜いていた。……彼は民衆と軍隊の自尊心を満たすことができ、布告や宗教的な儀式によって広く一般の心をつかもうと努めていた」
(20) バグラチオン将軍はこの戦闘で致命傷を負い、9月12日に亡くなっている。第2次世界大戦では、バグラチオン作戦という名で知られている。
(21) 第六部第一章「1 防禦の概念」クラウゼヴィッツ著、清水多吉訳『戦争論』（下）12～13頁
(22) 第六部第一章「2 防禦の利益」クラウゼヴィッツ著、清水多吉訳『戦争論』（下）13頁
(23) デイヴィッド・G・チャンドラー著、君塚直隆、竹村厚士、糸多郁子、竹本知行訳『ナポレオン戦争（第4巻）欧州大戦と近代の原点』信山社、2003年、170頁
(24) 両角良彦著『1812年の雪』筑摩書房、1980年、105頁
(25) 第六部第五章「戦略的防禦の性質」クラウゼヴィッツ著、清水多吉訳『戦争論』（下）39頁
(26) デイヴィッド・G・チャンドラー著、君塚直隆、竹村厚士、糸多郁子、竹本知行訳『ナポレオン戦争（第4巻）欧州大戦と近代の原点』信山社、2003年、228頁の図「ベレジナ川の渡河、1812年11月25～29日」
(27) 両角良彦著『1812年の雪』筑摩書房、1980年、105頁
(28) 両角良彦著『1812年の雪』筑摩書房、1980年、179頁
(29) 両角良彦著『1812年の雪』筑摩書房、1980年、179頁
(30) デイヴィッド・G・チャンドラー著、君塚直隆、竹村厚士、糸多郁子、竹本知行訳『ナポレオン戦争（第4巻）欧州大戦と近代の原点』信山社、2003年、233頁
(31) クラウゼヴィッツ著、外山卯三郎訳『ナポレオンのモスクワ遠征』原書房、1982年、230頁
(32) クラウゼヴィッツ著、外山卯三郎訳『ナポレオンのモスクワ遠征』原書房、1982年、247頁第14図「1812年12月25日の部隊の位置」
(33) Yorck von Wartenburg, Johann David Ludwig Graf. 1759年9月26日ポツダム生まれ、1830年10月4日没。
(34) 両角良彦著『1812年の雪』筑摩書房、1980年、214頁
(35) デイヴィッド・G・チャンドラー著、君塚直隆、竹村厚士、糸多郁子、竹本知行訳『ナポレオン戦争（第4巻）欧州大戦と近代の原

点』信山社、２００３年、２４２〜２４３頁
(36) クラウゼヴィッツ著、外山卯三郎訳『ナポレオンのモスクワ遠征』原書房、１９８２年、２７９頁

脚注「第3部 戦略と戦争計画」

(1) ナポレオンの優秀な参謀総長であったが、ボロジノの戦い以降、ナポレオンと意見の食い違いが生じるものの、ナポレオンに従った。ナポレオンがエルバ島脱出を知った時、自殺したといわれている。
(2) ダフクーパー著、曽村保信訳『タレイラン評伝』（上）１９７９年、２９８頁
(3) ラントヴェーア、プロイセン王国ではシャルンホルストの構想（プロイセン王国の軍制改革〔Preußische Heeresreform〕）の下、１８１３年3月17日にラントヴェーアが導入された。これには17歳から40歳までの兵役義務があり、正規部隊に徴兵されていないか、義勇兵として勤務していた者が参加した。デイヴィッド・G・チャンドラー著、君塚直隆、竹村厚士、糸多郁子、竹本知行訳『ナポレオン戦争（第4巻）欧州大戦と近代の原点』信山社、２００３年、２６３頁
(4) Stein, Freiherr vom. １７５７年ナッサウ生まれ、１８３１年没。プロイセンの政治家。ナポレオン支配の時代に農奴制廃止・国民皆兵制・行財政改革に尽力し、ドイツ近代化の基礎をつくった。
(5) 第七部第七章「攻撃主戦」クラウゼヴィッツ著、清水多吉訳『戦争論』（下）３８９〜３９０頁
(6) ヴァルター・ゲルリッツ著、守屋淳訳『ドイツ参謀本部興亡史』（上）２０００年、学研M文庫、53頁
(7) 第八部第四章「軍事目標の一層詳細な規定 敵の倒滅」クラウゼヴィッツ著、清水多吉訳『戦争論』（下）５０２〜５１４頁
(8) Vincent J.Esposito & John R. Elting, *A Military History and Atlas of The Naporeonic Wars* (London: Greenhill Books, 1999) ,p.128
(9) 第八部第二章「絶対戦争と現実の戦争」クラウゼヴィッツ著、清水多吉訳『戦争論』（下）４７３〜４７８頁
(10) ピーターパレット著、白須英子訳『クラウゼヴィッツ「戦争論」の誕生』中央公論社、１９８８年、１１０頁
(11) Vincent J.Esposito & John R. Elting, *A Military History and Atlas of The Naporeonic Wars* (London: Greenhill Books, 1999) ,p.129
(12) デイヴィッド・G・チャンドラー著、君塚直隆、竹村厚士、糸多郁子、竹本知行訳『ナポレオン戦争（第4巻）欧州大戦と近代の原点』信山社、２００３年、２８１頁
(13) Vincent J.Esposito & John R. Elting, *A Military History and Atlas of The Naporeonic Wars* (London: Greenhill Books, 1999) ,p.131
(14) デイヴィッド・G・チャンドラー著、君塚直隆、竹村厚士、糸多郁子、竹本知行訳『ナポレオン戦争（第4巻）欧州大戦と近代の原点』信山社、２００３年、２９８頁。
(15) Vincent J.Esposito & John R. Elting, *A Military History and Atlas of The Naporeonic Wars* (London: Greenhill Books, 1999) ,p.132
(16) Vincent J.Esposito & John R. Elting, *A Military History and Atlas of The Naporeonic Wars* (London: Greenhill Books, 1999) ,pp.135-136
(17) ピーターパレット著、白須英子訳『クラウゼヴィッツ「戦争論」の誕生』中央公論社、１９８８年、２７０頁
(18) グロスベーレン、カッツバッハ、クルムの各戦いについては、デイヴィッド・G・チャンドラー著、君塚直隆、竹村厚士、糸多郁子、竹本知行訳『ナポレオン戦争（第4巻）欧州大戦と近代の原点』信山社、２００３年、３１１〜３１２頁
(19) Vincent J.Esposito & John R. Elting, *A Military History and Atlas of The Naporeonic Wars* (London: Greenhill Books, 1999) ,p.141

(20) 第二部第一章「兵学の区分」クラウゼヴィッツ著、清水多吉訳『戦争論』(上) １４６頁
(21) 第二部第二章「34戦略における目的と手段」クラウゼヴィッツ著、清水多吉訳『戦争論』(上) １７９頁
(22)(23)(24) 第三部第八章「数の優位」クラウゼヴィッツ著、清水多吉訳『戦争論』(上) ２７７~２７８頁
(25) デイヴィッド・G・チャンドラー著、君塚直隆、竹村厚士、糸多郁子、竹本知行訳『ナポレオン戦争(第４巻)欧州大戦と近代の原点』信山社、２００３年、３４３頁
(26) ピーターパレット著、白須英子訳『クラウゼヴィッツ「戦争論」の誕生』中央公論社、１９８８年、２７２頁
(27) ピーターパレット著、白須英子訳『クラウゼヴィッツ「戦争論」の誕生』中央公論社、１９８８年、２７３頁
(28) ピーターパレット著、白須英子訳『クラウゼヴィッツ「戦争論」の誕生』中央公論社、１９８８年、２７６頁
(29) Vincent J.Esposito & John R. Elting, *A Military History and Atlas of The Naporeonic Wars* (London: Greenhill Books, 1999) ,pp.161-162
(30) Grolman, Karl Von. １７７７年生まれ、１８４３年没。ボイエンとともにのちにドイツ参謀本部の本来のかたちを確立していく。ヴァルター・ゲルリッツ著、守屋淳訳『ドイツ参謀本部興亡史』(上) ２０００年、学習研究社、86~88頁
(31)(32) Vincent J.Esposito & John R. Elting, *A Military History and Atlas of The Naporeonic Wars* (London: Greenhill Books, 1999) ,p163
(33) デイヴィッド・G・チャンドラー著、君塚直隆、竹村厚士、糸多郁子、竹本知行訳『ナポレオン戦争(第４巻)欧州大戦と近代の原点』信山社、２００３年、１８１頁
(34) デイヴィッド・G・チャンドラー著、君塚直隆、竹村厚士、糸多郁子、竹本知行訳『ナポレオン戦争(第４巻)欧州大戦と近代の原点』信山社、２００３年、１７１頁
(35) Vincent J.Esposito & John R. Elting, *A Military History and Atlas of The Naporeonic Wars* (London: Greenhill Books, 1999) ,p168
(36) ピーターパレット著、白須英子訳『クラウゼヴィッツ「戦争論」の誕生』中央公論社、１９８８年、２７８頁
(37) ピーターパレット著、白須英子訳『クラウゼヴィッツ「戦争論」の誕生』中央公論社、１９８８年、３３４頁
(38) ピーターパレット著、白須英子訳『クラウゼヴィッツ「戦争論」の誕生』中央公論社、１９８８年、３６９頁

作者ノート

本書は、クラウゼヴィッツの『戦争論』と、クラウゼヴィッツの生涯を漫画で描いたものです。資料集めとその精査に1年、制作に1年ほどかけて完成することができました。

監修は、『戦争論』の翻訳者として知られる、立正大学名誉教授の清水多吉先生が引き受けてくださいました。清水先生からは何度も貴重なアドバイスをいただき、作者にとってこれほど心強いことはありませんでした。

今までの多くの解説書と違って、『戦争論』そのものではなく、クラウゼヴィッツの体験した戦争を通じて、彼の『戦争論』というアイデアがいかにして生まれたかに焦点をあててストーリー化しました。

そのため『戦争論』のすべてをカバーしているものではなく、いわゆる入門書的なものです。さらに興味がある方は、監修者の清水先生が翻訳された『戦争論（上下）』（中公文庫）を読まれることをお勧めします。

クラウゼヴィッツの生きた時代は、彼の言葉を借りれば、今までの「戦争はその本質において、時間と偶然とによって運命が定まるカルタ遊びそのまま」であり、「どんなに野心に燃えた者でも、講和締結に備えて、幾分敵より優位に立つという以外の目標を立てはしなかった」。そして「戦争が再び国民の、しかも、公民をもって自任する国民の事業」となり、「ナポレオンによってそれら一切が完成されるに及んで、全国民の力に立脚したこの戦闘力は破壊的な力をもって着実にヨーロッパを席巻」した歴史的転換点にあったと述べています。

クラウゼヴィッツは、戦争は「その真の性質に、絶対的な完全性に近づいた」と考え、「用いられる手段には確たる限界はなくなり」「軍事行動の目標はただひたすら敵の倒滅におかれることとなった」と『戦争論』（第八部第三章）で記しています。

そのような時代の息吹を感じながらクラウゼヴィッツは、「第一部第一章だけが私の完全であると認める唯一のものである」（『戦争論』覚え書）としながらも、「戦争の体系的理論を、活気に満ち、内容あるように記述」（『戦争論』著者の序言）しようと努めて、『戦争論』を完成させたのです。

『戦争論』は古典と言われながらも、今も戦争を論ずる名著としてさまざまな場面で用いられています。日本の安全保障の環境が厳しさを増し、国防のあり方がこれまでになく問われる昨今、本書を通して一人でも多くの読者に『戦争論』を身近に感じていただけたらと思います。

漫画とはいえ、本書のテーマは重厚で、完成させることができたのは多くの方々の協力があったからです。

とくに監修を快諾していただいた立正大学名誉教授・清水多吉先生には懇切丁寧なご指導をいただきました。深く感謝の意を捧げたいと思います。

日本クラウゼヴィッツ学会理事で、東京電機大学講師・中島浩貴先生からは時代考証を含め適切な助言をいただきました。市川定春氏からはナポレオン戦争に関する助言とともに多くの資料をご提供いただきました。

ほかにも数多くの人たちの協力をいただいて本書は完成しました。この場を借りて御礼を申し上げます。ありがとうございました。

最後に本書の出版を強く勧めてくださった並木書房編集部と、妻美代子に深く感謝しています。

２０１９年初夏

石原ヒロアキ

主な引用・参考文献

『戦争論』の邦訳は、これまでいろいろありますが、本作品は清水多吉訳『戦争論（上下）』（中公文庫、２００１年）をテキストとして使用しています。この作品を描くにあたりナポレオン戦争の戦場をできるだけ忠実に再現するように努めました。最も役に立ったのは、チャンドラー著『ナポレオン戦争』と、『*A Military History and Atlas of The Naporeonic Wars*（Vincent J.Esposito & John R. Elting）』です。この二冊は、ナポレオン戦争全般を細部にわたって記述した決定版ともいえる資料です。なおチャンドラーの『ナポレオン戦争』は邦訳されましたが、現在絶版で復刻されることを期待しています。

本作品を描くのに参考にした主な資料は次のとおりです。

長塚隆二著『ナポレオン（上下）』（読売新聞社、１９８６年）

ロバート・B・ブルース他著、浅野明監修、野下祥子訳『戦闘技術の歴史（第4巻）ナポレオンの時代編』（創元社、２０１３年）

グラフィック戦史シリーズ『戦略戦術兵器辞典3ヨーロッパ近代編』（学習研究社、１９９５年）

クラウゼヴィッツ著、金森誠也訳『クラウゼヴィッツのナポレオン戦争従軍記』（ビイングネットプレス、２００８年）

【当時の戦術や武器について】

Philip J. Haythornthwaite, *Weapons and Equipment of The Naporeonic Wars*（Blandford Press Ltd., 1979)

George Nafziger, *Imperial Bayonets*（London: Greenhill Books, 1996)

【軍装について】

リュシアン・ルロス著、辻元よしふみ、辻元玲子訳『華麗なるナポレオン軍の軍服』（マール社、２０１４年）

Stephan E. Maughan, *The Napoleonic Soldier*（Growood Press, 1999)

Philip J. Haythornthwaite, *Uniforms of Waterloo*（Sterling Publishing Co., 1974)

Boris Mollo, *Uniforms of the Imperial Russian Army*（Blandford Press, 1979)

Philip J. Haythornthwaite, *Uniform of the Napoleonic Wars*（Blandford Press, 1973)

【イエナ、アウエルシュタットの戦いについて】

F. G. Hourtoulle, Jena,Auerstaedt, *The Triumph of the Eagle*（Paris: Histoire & Collections, 2000)

【モスクワ侵攻について】

両角良彦著『１８１２年の雪』（筑摩書房、１９８０年）

クラウゼヴィッツ著、外山卯三郎訳『ナポレオンのモスクワ遠征』（原書房、１９８２年）

George F. Nafziger, *Napoleon's Invasion of Russia*（Presidio, 1988)

Digby Smith, *Armies of 1812*（Spellmount ltd., 1977）

F. G. Hourtoulle, *Borodino: The Moskova: The Battle for the Redoubts*（Paris: Histoire & Collections, 2000）

F. G. Hourtoulle, *The Crossing of the Berezina*（Paris: Histoire & Collections, 2012）

【１８１３年の諸国民戦争について】

George F. Nafziger, Lutzen & Bautzen, *Napoleon's Spring Campain of 1813*（Emperor's Press, 1992）

George F. Nafziger, *Napoleon at Dresden The battles of August 1813*（Emperor's Press, 1994）

Scott Bowden, *Napoleon's Grande Armee off 1813*（Emperor's Press, 1990）

【ワーテルローの戦いについて】

David Chandler, *Waterloo: The Hundred Days*（Osprey, 1980）

Henry Houssaye, *Napoleon and the Campaign of 1815 Waterloo*（Worley Publications, 1991）

Mark Adkin, *The Waterloo Companion*（Stackpole Books, 2001）

W. Hyde Kelly, *The Battle of Wavre and Grouchy's retreat*（Woley Publications, 1993）

【クラウゼヴィッツの評伝と『戦争論』について】

ピーター・パレット著、白須英子訳『クラウゼヴィッツ「戦争論」の誕生』（中央公論社、１９８８年）（注：本書は資料価値が最も高い本です）

森鷗外訳『大戦学理』（軍事教育会、１９０３年）

淡徳三郎訳『戦争論』（抄訳）（徳間書店、１９６５年）

篠田英雄訳『戦争論』（岩波書店、１９６８年）

クラウゼヴィッツ学会訳『戦争論』（抄訳）（芙蓉書房出版、２００１年）

【『戦争論』の解説書】

加藤秀治郎編訳『クラウゼヴィッツ語録「戦争論」のエッセンス』（一藝社、２０１７年）（注：本書は『戦争論』のエッセンスが簡潔にまとめられています）

ヴァルター・ゲルリッツ著、守屋淳訳『ドイツ参謀本部興亡史（上）』（学研M文庫、２０００年）（注：当時のプロイセン陸軍を理解するのに役に立ちました）

【当時の社会・文化について】

E・I・ホブズボーム著、安川悦子、水田洋訳『市民革命と産業革命』（岩波書店、１９６８年）

マックス・フォン・ベーン著、飯塚信雄他訳『ビーダーマイヤー時代』（三修社、１９９３年）

カール・フォン・クラウゼヴィッツ（Carl von Clausewitz）
1780年、マグデブルク近郊に生まれる。12歳で陸軍に入隊。士官学校でシャルンホルストの薫陶を受ける。卒業後、プロイセン皇太子の副官に任官。1806年、イエナ、アウエルシュテットの戦いでナポレオン軍に敗れ、捕虜となる。帰国後、プロイセン国王に離反し、参謀中佐としてロシア軍に投ず。1814年プロイセン軍に復帰。ワーテルローの戦いで参謀長として参戦。1818年、ベルリン一般兵学校長。「戦争の本質」を研究し著述活動を行なう。1831年、コレラにて死去。享年51。最終階級は陸軍少将。のちに妻マリーの手で発表された『戦争論』は高い評価を受け、今も読み継がれている。

清水多吉（しみず・たきち）
1933年、会津若松生まれ。東京大学大学院修了。東京大学、名古屋大学、静岡大学、早稲田大学、法政大学、立教大学、東洋大学、神奈川大学などの講師、ニューヨーク・ホフストラ大学の客員教授を歴任。立正大学文学部哲学科名誉教授。著書に『ヴァーグナー家の人々』『ベンヤミンの憂鬱』、訳書にマルクーゼ『ユートピアの終焉』、ホルクハイマー『道具的理性批判』、クラウゼヴィッツ『戦争論（上下）』（中公文庫）などがある。

石原ヒロアキ（本名：米倉宏晃）
1958年、宮城県石巻市生まれ。青山学院大学卒業後、1982年陸上自衛隊入隊。化学科職種幹部として勤務。第7化学防護隊長、第101化学防護隊長を歴任。地下鉄サリン事件（1995年）、福島第1原発事故（2011年）で災害派遣活動に従事。2014年退官（1等陸佐）。学生時代赤塚賞準入選の経験を活かし、戦争シミュレーション漫画『ブラックプリンセス魔鬼』および自衛官の日常を描いた『日の丸父さん』（電子書籍で発売中）、2018年『日米中激突！南沙戦争』（並木書房）を発表。現在、海洋戦略家のアルフレッド・マハンを題材に執筆中。クラウゼヴィッツ学会会員。

漫画クラウゼヴィッツと戦争論

2019年（令和元年）7月1日　1刷
2019年（令和元年）7月10日　2刷

監　修　清水多吉
著者（作・画）石原ヒロアキ
発行者　奈須田若仁
発行所　並木書房
〒170-0002東京都豊島区巣鴨2-4-2-501
電話(03)6903-4366　fax(03)6903-4368
http://www.namiki-shobo.co.jp
印刷製本　モリモト印刷
ISBN978-4-89063-387-6